助力乡村振兴 种植致富丛书
ZHULI XIANGCUN ZHENXING ZHONGZHI ZHIFU CONGSHU

JIUSUANCONG GAOXIAO ZAIPEI
JI BINGCHONGHAI FANGZHI

韭蒜葱高效栽培及病虫害防治

乔蓬蕾 编著

内蒙古人民出版社

图书在版编目（CIP）数据

韭蒜葱高效栽培及病虫害防治 / 乔蓬蕾编著 . -- 呼和浩特：内蒙古人民出版社，2025.1
（助力乡村振兴　种植致富丛书）
ISBN 978-7-204-17398-3

Ⅰ. ①韭… Ⅱ. ①乔… Ⅲ. ①鳞茎类蔬菜—蔬菜园艺②鳞茎类蔬菜—病虫害防治　Ⅳ. ① S633 ② S436.33

中国国家版本馆 CIP 数据核字 (2023) 第 012042 号

助力乡村振兴　种植致富丛书

韭蒜葱高效栽培及病虫害防治

作　　者	乔蓬蕾
责任编辑	贺鹏举
封面设计	刘那日苏
出版发行	内蒙古人民出版社
地　　址	呼和浩特市新城区中山东路 8 号波士名人国际 B 座 5 楼
印　　刷	内蒙古爱信达教育印务有限责任公司
开　　本	880mm×1230mm　1/32
印　　张	3.5
字　　数	100 千
版　　次	2025 年 1 月第 1 版
印　　次	2025 年 1 月第 1 次印刷
印　　数	1—2000 册
书　　号	ISBN 978-7-204-17398-3
定　　价	32.00 元

如发现印装质量问题，请与我社联系。联系电话：（0471）3946120

前 言

我国是农业大国,党的十八大以来,经过八年齐心协力的脱贫攻坚,让全国几千万农民摆脱了贫困,生活水平全方位提高。实现社会主义农业现代化的出路在于科技与教育,鉴于此,我们精心推出"助力乡村振兴,种植致富丛书",旨在普及、推广现代种植业的科技知识,为农民致富、农村经济发展尽我们的绵薄之力。

"助力乡村振兴,种植致富丛书"是一套指导农民科学、高效种植的专业图书,共包含《白菜高效栽培及病虫害防治》《油菜高效栽培及病虫害防治》《黑木耳高效栽培及病虫害防治》《牧草高效栽培及病虫害防治》《大豆高效栽培及病虫害防治》《韭蒜葱高效栽培及病虫害防治》六个分册。本套丛书采用图文结合的方式,以通俗易懂的语言,全面、系统地介绍了农作物种植技术及病虫害防治知识,力求使读者一读就懂,一看就会。

本丛书编写工作得到了有关农业研究单位、农业院校诸多农学专家的大力支持,这些年轻有为的农学专家都是有着丰富理论和实践经验的专业人员,在编写中注重知识的实用性与准确性,突出技术的科学性与可操作性,并选用行业发展的最前沿信息,以期切实指导农民增产增收,为他们走上致富之路提供助力。

丛书编委会

主　编　赵　源
副主编　乔蓬蕾　元　秀
编　委　赵　源　乔蓬蕾　李莎莎　徐凤敏
　　　　　张艳云　崔　斌　邓　颖

目 录

第一章 韭菜的高效栽培方式与技术 ………………………… 1
一、韭菜栽培方式 ……………………………………………… 1
二、日光温室 …………………………………………………… 8
三、塑料小拱棚 ………………………………………………… 14
四、塑料大棚 …………………………………………………… 17

第二章 韭菜病虫草害防治 ……………………………………… 20
一、病　害 ……………………………………………………… 20
二、虫　害 ……………………………………………………… 29
三、草　害 ……………………………………………………… 42

第三章 大蒜高效栽培与病虫害防治 …………………………… 45
一、大蒜类型及主要的栽培品种 ……………………………… 45
二、大蒜栽培制度及栽培技术 ………………………………… 49
三、大蒜主要病虫害及防治措施 ……………………………… 57
四、大蒜生产中常见问题 ……………………………………… 66

第四章 大葱高效栽培与病虫防治……………………………71
　一、大葱生物学特性……………………………………71
　二、优质高产栽培技术…………………………………81
　三、病虫草害防治………………………………………95

第一章　韭菜的高效栽培方式与技术

一、韭菜栽培方式

在长期的韭菜生产实践中，我国广大农业科技人员和菜农利用自己的聪明才智创造出多种多样的栽培方式，如露地栽培、阳畦栽培、温室栽培、无土栽培等。生产者可以结合本地具体的气候条件、经济条件来选择适当的栽培方式，利用较低成本生产出高产优质的商品韭菜，全年不断供应市场，从而取得较好的经济效益。下面为目前韭菜生产中常见的栽培方式：

1. 露地栽培

露地栽培是一种最传统也是最经济的栽培方式，韭菜从播种到收获

露地栽培

整个过程一直在露地条件下进行,其生长和发育基本上利用自然的环境条件,再加上人工肥水管理和防治病虫草害,就可以在春秋两季收获优质高产的韭菜。冬季由于没有防寒条件,韭菜处于低温休眠状态。夏季高温时期,露地生长的韭菜品质较差,一般不采收青韭,采收韭薹。

2. 风障栽培

在我国北方地区,冬季低温来临至土地封冻之前,在韭菜畦北侧设立一排东西方向的篱笆,有的地区在东西两端向南再连接加设一小段同样的篱笆,这就是风障。风障的材料一般是就地取材,如玉米秆、高粱秆、芦苇等。风障的作用主要是截挡寒冷的北风,在风障南侧形成一个背风向阳的小气候,以提高韭菜畦的地温和环境气温,使韭菜萌发早、生长快,可以比露地韭菜提前上市10天左右。

风障栽培

3. 阳畦栽培

阳畦也称冷床,是由风障畦发展而来的,一般由风障、畦框、透明

第一章 韭菜的高效栽培方式与技术

阳畦栽培

覆盖物和草苫组成,透明覆盖物现在大多使用塑料薄膜。阳畦的防寒保温性能比风障畦更为优越和突出,在黄淮海地区韭菜可进行冬季生产,在高寒地区可以用于春季提前栽培,比露地韭菜可提早2个月上市。

4. 地膜栽培

地膜覆盖是一种投资少、效果较好的简易型保护地生产形式。通过地膜覆盖可以比露地提高2℃~4℃地温,增加土壤墒情,可以减少浇水,减轻中耕和除草工作的压力。地膜覆盖用于早春韭菜生产,可以提早采

地膜栽培

收期10天左右。

5. 塑料小拱棚栽培

塑料小拱棚是利用细竹竿、竹片、荆条还有直径6~8毫米钢筋等材料，在1.5~2.5米宽的畦面上搭建成约1米高的拱形支架，再覆盖塑料薄膜而制成的一种简易设施。在寒冷的北方地区，利用这样的塑料小拱棚可以进行韭菜早春促成栽培，如果进行韭菜越冬栽培，则还要在塑料薄膜外面加盖1~2层草苫，以增强其保温能力，同时在拱棚骨架内还要增设一定密度的立柱，以增加拱棚承压能力。因为塑料小拱棚投资少，建造和拆除都很方便，且保温性能良好，所以在京津等地区应用非常广泛，农民使用它的生产效益较高。不过，在小拱棚内进行各种农事操作不太方便，这是它的不足之处。

韭菜塑料小拱棚栽培

6. 塑料大棚栽培

塑料大棚是利用钢架、竹木或水泥支柱等建筑材料搭建的保护地设

第一章 韭菜的高效栽培方式与技术

韭菜塑料大棚栽培

施,其跨度为6~10米左右,高度为2~3米左右,长度在30~60米,以塑料薄膜为透明覆盖材料。有的地区将跨度较小的塑料大棚单另称为塑料中棚。因为塑料大棚一般不再进行草苫覆盖,所以其保温性能相对较差,只用于韭菜秋季延后或春季提前栽培。

7. 日光温室栽培

日光温室是我国北方地区进行韭菜保护地生产的又一种主要设施。日光温室主要由北、东、西三面墙体、后屋面和采光前屋面组成,前屋

普通塑料大棚

面覆盖塑料薄膜,外面再覆盖草苫等保温层。其优点是采光保温性能良好、室内操作方便,生产效率高,全年可以进行韭菜生产。

8. 加温温室栽培

加温温室是在日光温室的基础上再附加人工加温设施,维持室内较高温度,以保证韭菜正常、快速生长。这种栽培形式主要应用于囤韭栽培或在高寒和高纬度地区的韭菜越冬栽培。

加温温室栽培

9. 遮阳网栽培

遮阳网栽培是在高温季节利用支架在韭菜上方覆盖遮阳网,以减少阳光辐射,降低畦面温度,为韭菜提供较为适宜的环境条件,从而加快韭菜生长,可明显改善韭菜品质。

10. 防虫网栽培

防虫网栽培是韭菜进行无公害栽培的一种有效辅助形式。通过防虫网覆盖,可以将许多害虫隔离于韭菜栽培畦之外,从而减轻虫害程度,有效减少喷药次数和强度,使生产出的韭菜产品达到无公害要求。在春秋两季,防虫网还能够在一定程度上改善网内温度条件,促进韭菜生长。

防虫网栽培

11. 无土栽培

韭菜是一种非常适合于无土栽培的蔬菜,利用一些像河沙、草炭、蛭石之类的栽培基质和营养液或腐熟有机肥,在一定设施内进行韭菜无土栽培,可以大幅度提高韭菜产量,改善韭菜品质,并减少生产中的污染。

无土栽培

12. 软化栽培

软化栽培是把韭菜植株的一部分或全部置于一种黑暗或弱光环境中，同时提供温暖潮湿条件，生产出具有独特风味和色彩的产品，属于有较高食用档次的韭菜品种。是充分利用本地生产条件的一类栽培形式。

二、日光温室

保护地韭菜栽培形式有许多种，本书重点介绍其中几种实用而高效、集约化程度较高的栽培形式。

1. 日光温室的基本结构

传统的日光温室种类很多，如感王式、永年式、银川式、北京式、天津式、琴弦式等，传统温室主要是结合当地气候条件和种植经验来建造的，这些类型温室的建造材料基本是就地取材，建造成本较低，它们之间的采光和保温性能有所不同，但对于韭菜生长发育所需要的温度光照条件基本能满足。近年来，采光和保温性能更好的节能型日光温室（如第二代节能型日光温室）相继得到推广应用，在很大程度上推动了日光温室韭菜生产的发展。

下面介绍一种比较适用于韭菜栽培的改良式日光温室优化结构形式。其骨架以竹木结构为主，墙体以土为主。温室跨度为7米，长度为50~60米，中柱高2.7~2.9米，脊高为3米，后墙高2米，墙厚1米，后屋面长1.5~2米，仰角35°~40°，由柁和檩支撑，其上覆盖有玉米秸秆、草

第一章 韭菜的高效栽培方式与技术

日光温室

泥、柴草等，有的在上面盖一层塑料薄膜或抹一层草泥防雨雪。前屋面由竹竿拱杆、连杆、支柱组成拱形，拱杆间距60厘米，拱杆与地面切线角为60°。前沿至中柱设有两道连杆和两道支柱，前支柱高1.6~1.8米，后支柱高2.8米。前屋面角为25°~27°。这种结构的日光温室的主要优点是采光性能良好，透光率高，保温性强，而且可利用面积较大，室内操作方便，且建造成本较低。

2. 扣膜时间的确定

日光温室扣膜时间与选用韭菜品种的休眠习性有关。对于不休眠型品种来说，低温天气来临时一般不经过明显的回秧过程，随时扣膜就可以继续生长，因此，这类品种可以早扣膜。扣膜时间一般掌握在当地"酷霜"到来之前，此时的日平均温度大约在10℃上下。京津地区一般在10月下旬扣膜。刚刚扣膜后一定不能扣严，可以昼揭夜盖，也可以在上方开大顶风口，同时撩起裙膜。随着天气渐渐转冷，放风口要逐渐减小，放风时间缩短。

种植需要回秧休眠的品种时，一定要等到植株地上部完全干枯后才能扣膜进入生产。秋季水肥太充足时，植株迟迟不回秧，可以采取下列措施促进其回秧。一是向茎叶上泼浇尿液或草木灰浸出液；二是不断用铁耙子搂去上部已干枯的叶子；三是在韭菜南侧架起遮阴物，使北侧韭菜处于背阳受风状态。京津地区一般在11月底至12月初进行扣膜，此时当地的日平均温度一般在10℃左右。

3. 扣膜前的准备工作

（1）水肥供应：不休眠型品种可以在扣膜前1个月左右进行追肥浇水，促进韭菜生长；休眠型品种临近扣膜就不再追肥，要等到回秧后结合浇冻水进行补肥，冻水要浇足，顺水追施硝酸铵、磷酸二铵等肥。

（2）清茬：不休眠型品种扣膜前5~7天可以收割一刀青韭，增加收入。休眠型品种回秧后要清除干枯茎叶，打扫地面。

（3）扒土晒根：对于休眠型品种，扒土晒根是扣膜前要做的一项重要工作，它可以使休眠中的韭根暴露出来，经过夜冻昼晒的刺激打破休眠，为提早恢复生长打下基础。通过这一措施可以使韭蛆暴露出来，一部分受冻而死，另外部分更容易接触灌根农药，从而提高触杀效果。扒土还能改善土壤疏松程度，有利于韭菜萌芽出土。韭菜扒土是用铁齿钩横着扒土，扒到"韭葫芦"露出为止，扒土一般深5~8厘米，需要晾晒7天左右，等到鳞茎发紫即可。扒土工作多数是在临近扣膜前进行的。如果天气突变，地面已经封冻，可先行扣膜，等地面消冻后再扒土。

（4）农药灌根：用乐斯本、晶体敌百虫、地蛆灵等低毒性农药兑水

第一章 韭菜的高效栽培方式与技术

扣膜前准备工作

顺沟灌根，可进一步杀死越冬代韭蛆幼虫。同时灌入赤霉素溶液有利于打破韭菜休眠和促进韭菜生长，灌药后可填土将沟搂平，整好畦埂。

（5）施用蒙头粪：韭菜清茬后，在畦内平撒一层充分腐熟的有机肥，如鸡粪、马粪、猪粪、土杂肥等。既可提高地温，又可提供一定的养分，供应韭菜和下茬蔬菜生长。

（6）修整温室：将温室墙体修补严密，将所有骨架进行加固，防止坍塌，后屋面用泥抹好，防漏防风，前屋面仔细检查，去除所有毛刺，防止扎破塑料薄膜。最好在温室前面挖一条防寒沟，沟内装填稻毛或稻壳皮，这样利于保温。

4. 扣膜后的温湿度管理

日光温室的温度管理要根据需要来掌握，在清茬和收割后到韭菜还没有萌发以前，气温可尽量高些，以气温促地温，力促韭菜尽早萌发。

扣膜后的温湿度管理

当韭菜长出地面后,温度就必须从严管理。其中第一刀韭菜生长期间,白天温度宜掌握在17℃~23℃,尽量不超过24℃。更严格的要求是不允许有2~3小时超过25℃,不允许有1~2小时超过27℃。在以后各刀的生长期间,控制温度的上限均要比上刀高出2℃~3℃,但也尽量不超过30℃。秋冬连续生产的韭菜扣膜初期,外界温度高,室内温度极容易超过温度上限,更需注意控制温度。温度高了会减少根茎养分的补给,影响下一刀韭菜产量和品质。

温度高可通过放风来调节。秋冬连续生产的韭菜在扣膜初期要放底风,但天气转冷后,特别是休眠韭菜萌发后,一般就不再放底风。放底风时冷风直吹韭菜,会造成"闪苗",吹风一冷一热也会出现烂叶韭菜。严冬季节放风只需强调开启上风口。如果湿度大、温度高,可以同时开启中部腰风口,这样不仅可使湿度降下来,氨气排出去,还可以有效控制温度，对防止出现烂叶韭菜有明显作用。

夜间温度管理也很重要。夜温低，特别是昼夜温差大，极容易造成叶面结露而形成水膜，为病原菌的萌发侵入创造条件，会引起病害突然发生。所以，韭菜温室的夜温不能太低，第一刀韭菜生长期间以保持10℃~12℃为宜，昼夜温差控制在10℃~15℃的范围内，后续在韭菜生产期间割韭菜，随着白天温度的提高，夜温也要随之调整，但有时外界温度过低，导致夜温不好保证。所以，要想保持较高夜温必须加强夜间保温。

韭菜叶片喜欢干燥，空气湿度不宜太大，尽量保持相对湿度不超过83%，湿度大了，特别是出现叶面结霜或水膜，很容易引起病害发生。降低湿度的方法是放风排湿。但在冬季进行日光温室放风，一般是以温度为指标进行，只有当温度超过上限指标时才开始放风，因此，控制温室内湿度不使之过高的重点，应放在减少地面水分蒸发和强调保温上，不使夜间温度过低。

5. 肥水管理

据试验，土壤含水量在13%~15%时最适宜韭菜生长，可获得较高产量和较优品质，抗病能力较强。当抓土成团，落地即散时基本就达到这样的含水标准。扣膜前浇过水的，黏度重的地块上的韭菜，第一刀一般不需再浇水。大部分壤土地块上的韭菜，可在第一刀收割前5~7天浇1次小水，并顺水冲施硝酸铵肥，用量掌握在每亩20千克，以后的每刀在收割前5~7天都要浇水施肥。化肥要事先用温水化开，再顺水冲施。这次肥水可以有两个作用，其一是使茎叶鲜嫩，增加产量，特别是下一刀的产量；其二是造足底墒，为下一茬韭菜的萌发和早期生长提供水分条件。

这次肥水的时间距离收割不可太近，更不能拖延到收割后进行，否则会影响收割作业，还容易使韭菜发生病害。另外，浇水之后要注意及时放风排湿。当收割伤口愈合后，如果土壤出现缺水症状，可以再补浇少量水，这对于提高产量有明显作用，不过，浇水过后一定注意在保持温度的同时放风排湿，一是可以防治韭菜病害，二是防止韭菜出现倒伏。

每次随水施肥以硝酸磷肥的效果最好，追施碳酸氢铵可以改变某些品种叶色稍淡的不足，但施用碳酸氢铵必须先用水化开，再顺水冲入。施肥时要放风，放风时间一般需要持续3~4小时。施肥后的几天还要经常检查是否有氨气释放和积累，注意及时放风排放。在韭菜生长期间，在叶面喷施微肥，会有助于改进叶片颜色，增强叶片光合作用，提高产量。目前使用较多的肥料有磷酸二氢钾、爱多收、糖尿混合剂等。

三、塑料小拱棚

塑料小拱棚是北方地区非常普遍的一种保护地蔬菜生产简易设施，其投资较小，骨架可就地取材，加盖草苫后保温性能较好，冬季完全可以用来进行韭菜生产。其还具有架设容易、拆除方便的优点，土地利用率很高。小拱棚最大的缺点是高度不足，人不能在里面站立干活。

1. 小拱棚的规格和基本结构

小拱棚的跨度一般为1.5~3米，高度0.8~1.5米，长度不限。规模较大的小拱棚，在中间设置塑料接口作为作业出入口兼作放风口。小拱棚制作一般用细竹竿、毛竹片或直径8~10毫米的钢筋、水泥预制拱架作为

第一章 韭菜的高效栽培方式与技术

塑料小拱棚

拱梁，用木柱、竹篙、水泥柱等作中间立柱，用10号铅丝作纵梁，组成小拱棚基本骨架，东西方向延长。架设时，先将中间立柱按一排或二排直线埋设在栽培畦中，上端用10号铅丝相互连接，拉紧绷直，把竹竿等拱梁材料排放上面，两端按南北方向在栽培畦南北两侧的畦埂上，按照50~60厘米的间距各插入20厘米，上面覆盖塑料薄膜。小拱棚与风障结合使用的效果更好。用在塑料大棚内进行多层覆盖的小拱棚结构更加简单，只要将细竹竿、细竹片、紫穗槐条或细钢筋弯成弓状，将两端插入畦埂，上面随时覆盖地膜或薄膜即可。

2.温湿度条件

在京津地区，1月至3月上旬，小拱棚内的夜间温度通常在10℃以下，最低温度在0℃以下，到3月中旬以后，棚内平均最低温度可以达到8℃以上。晴天时，小拱棚内外的温差可达20℃以上，但地温变化相对较小。白天通风时，小拱棚内的相对湿度在40%~50%，夜间在90%以上。小拱棚塑料薄膜上面加盖两层草苫后，其保温性能大大加强。

3. 栽植方式

以京津地区为例,在天津市西青区上辛口镇及河北省霸州市杨芬港镇一带进行韭菜小拱棚生产,一般都是种植一次连续生产4年左右,之后更新淘汰。定植方式为宽垄单株定植,垄间距为15厘米,垄宽15厘米,垄内行距5厘米,株距5厘米,每亩栽苗13万株左右。

栽植方式

4. 时间安排

播种和定植时间根据当年是否计划扣膜生产而异。传统的做法是如果当年冬天不进行扣膜生产,播种时间大多安排在3月底到4月初,进行露地播种,8月上中旬定植,因为产量不高,当年一般不扣膜生产,而等到第二年产量上去后再扣膜。近年来,为了尽早获得效益,很多农户在春季利用保护地进行提前播种育苗,5月中旬前后就定植,经过夏秋季长时间培根养护，韭根入冬时已经比较粗壮，分蘖也明显增加，当年扣膜就可以得到较高产量，这样土地利用效率会大幅提高。选用的品种主要有不休眠型的"津韭8号"和休眠型的"改良汉中"。"津韭8号"于10月下旬扣膜加盖草苫，扣膜后35天左右收割第一刀，元旦收割第二刀，春节前后收割第三刀。如果计划来年继续生产，第三刀后就不再收割而转入养根；如果韭根已老需要淘汰，一般再收割第四刀，之后刨根淘汰，利用小拱棚倒茬种植其他蔬菜。"改良汉中"一般于11月下旬扣膜加盖草苫，元旦之前收割第一刀，春节前后收割第二刀，再过20多天收割第三刀。

四、塑料大棚

1. 塑料大棚的规格和基本结构

塑料大棚的跨度一般在6~15米范围内，高度1.8~3.2米，长30~60米，在东西方向有两个相等的采光屋面，面积一般在200平方米以上，以塑料薄膜为透明覆盖材料。塑料大棚可分为无柱式结构和有柱式结构。钢结构无柱式大棚的骨架是用镀锌钢管或直径12~16毫米圆钢装配和焊接而成。在我国北方，无柱式大棚一般跨度为10~14米，中高2.8~3.2米，两边肩高1~1.5米，棚长一般在60米以下，门为推拉式或合页门，拱架间距为1~1.2米。目前主要包括镀锌管装配式大棚、钢梁结构大棚和多种无机材料复合预制骨架大棚等。这类大棚的骨架一般为专业生产厂家制造，规格质量标准比较统一。有柱式结构大棚的骨架是由竹木或水泥

塑料大棚

柱构成，我国北方有柱式大棚跨度多为10~15米，中高2.5~3米，长度多40~50米，拱间距离0.8~1米。目前主要有竹木结构和竹木水泥混合结构大棚等。大棚虽有单栋和连栋之分，但主要是以单栋为主。这类大棚的骨架一般都是农户根据自己具体地块条件、经济条件、经验习惯等决定规格尺寸、建棚的材料与方法。

2. 温湿度条件

在京津地区，12月下旬到1月上旬，棚内的平均最低温度在0℃以下。3月中旬旬平均气温可达到10℃左右，地温在5℃~8℃。3月中旬到4月下旬，棚内平均温度在15℃以上，最高可达40℃，最低气温在0℃~3℃。5~8月份，棚内温度可高达50℃左右。9月中旬到10月中旬，温度逐渐下降，但棚内最高气温仍可达30℃，夜间10℃~18℃。10月下旬到11月中旬，棚内夜温降至3℃~8℃，11月中下旬逐渐降到0℃。就大棚内温度的周年变化规律而言，在我国北方的大多数地区，春季大棚栽培可比当地露地条件栽培早35天左右，秋季覆盖栽培时可比露地栽培延后35天左右。东西方向延长的大棚冬季温度条件略好于南北方向延长的大棚，但二者在光照上差距较大，春季二者在温度上差别不大。大棚南北向延长时，棚内光照比日光温室明显均匀。但东西方向延长的大棚，其北部光照明显不如南部。钢结构无柱式大棚比竹木有柱式结构的光照要高10%左右；塑料薄膜如果结露有水滴或沾附尘土，以及老化以后，其透光率都要明显下降。塑料大棚内的湿度一般较高，呈高湿状态，相对湿度可以达到70%~100%，夜间明显高于白天，浇水后一段时间，棚内会出现较高的空气湿度。

3. 管理要点

在我国北方及高寒地区，大棚主要用于秋延后和春提前生产。在吉林省用大棚进行韭菜春提前栽培时，头一年养好根，第二年2月中旬到3月上旬开始扣膜，棚内收割两刀，而后转入露地再收割一刀或两刀，然后转入露地养根，为下一年扣膜生产做准备。

大棚扣膜后先不放风，使棚内温度尽早上升。在垄间和行间进行几次浅中耕，疏松土壤，提高地温，或扒土晒根，使韭菜迅速萌发出土。大棚四周围盖一层草苫，夜间盖好，白天揭开，有利于增加保温性。苗高10厘米后，要注意放风调节温度，使大棚内白天温度保持在17℃~22℃，不要超过25℃，夜间温度保持在12℃~15℃，这样可以提高韭菜植株抗病能力，同时能够改进叶片色泽，提升光合作用。阴雪天也要进行短时间通风，加强空气流通，降低棚内湿度。

第二章　韭菜病虫草害防治

一、病　害

1. 韭菜灰霉病

灰霉病是韭菜的主要病害，在一年四季的保护地和露地栽培过程中均可发生，尤其是冬季，保护地更容易发生危害。

（1）发病症状　韭菜灰霉病属于真菌性病害，其症状分为白点型、

韭菜灰霉病

干尖型和湿腐型。白点型和干尖型在发病初期叶片上出现白色或灰褐色小斑点，由叶尖逐渐向下蔓延，病斑扩大后呈椭圆形或菱形，后期病斑连成片致使叶片枯死。湿腐造成的病害在湿度大时或贮运过程中易发生，叶片表面生有灰色或灰褐色绒毛状霉层，伴有发霉气味。湿腐型病叶上没有白点。

（2）发病条件　低温高湿、光照不足是韭菜灰霉病发生蔓延的主要条件。病菌生长的温度范围在15℃~30℃，生长适宜温度为15℃~21℃。在保护地内相对湿度一旦达到85%以上，特别是95%以上，只要有病原菌，病害就会发生。

（3）防治方法

①农业防治。选用抗病品种，如大弯苗、津韭1号等；及时清洁田园；保护地栽培时及时通风排湿，防止湿度过大，一般在中午前后打开一些风口，放风时要由小到大，闭风时要由大到小；选用塑料无滴膜覆盖，尽量避免滴水下落到韭菜叶片上。

②药剂防治。发病初期及时喷50%扑海因可湿性粉剂1000~1500倍液，或50%速克灵1500~2000倍液，或50%多菌灵可湿性粉剂500倍液。以上几种药一般间隔7天喷1次，病情加剧时需要3~4天一次，如与巴巴安或武夷菌素混用，可增加药效，促进韭菜生长。保护地栽培最好采用烟雾法或粉尘法，不仅省时省事，而且可减轻棚室内湿度。使用10%速克灵烟剂或45%百菌清烟剂时，每120~130平方米放1个片剂，每片约20~30克，放置要均匀。在傍晚从里向外逐一用暗火点燃，密闭棚室，熏3~4小时。喷撒5%百菌清粉尘剂，或5%灭霉灵粉尘剂，或6.5%甲霉灵粉尘剂，也适宜在傍晚进行，每10平方米畦面喷15~20克，一般间隔7天喷

一次。对上述杀菌剂产生抗药性的土地，可选用65%甲霉灵可湿性粉剂1000倍液喷施。

2. 韭菜枯萎病

（1）发病症状　韭菜枯萎病俗称"塌韭菜"，属于真菌性病害，其症状为叶片中部或接触地面的叶尖部出现水烫状，严重时所有的叶片都出现此症状，继而完全枯死。发病的根株虽可萌发新株，但大部分萌发的新株仍继续发病，除非到秋后才会慢慢地恢复，但产量和品质已受到严重影响。

（2）发病条件　韭菜枯萎病在高温、地面积水、连阴雨天或暴雨后骤晴的情况下容易发病，特别是在夏季高温季节雨后暴晴时，可能在2~3小时内就突然爆发。此病的发生也与韭菜生长势有关，株龄过老，生命力减退，或收割过早，收割次数过多，使得鳞茎、根茎内贮存积累的养分少，容易导致枯萎病。

韭菜枯萎病

（3）防治方法

①农业防治。选择地势高、干燥、不易积水的地块；多施用农家肥，适当增施磷钾肥，促进植株健壮生长，防止倒伏；及时清理烂叶杂草；雨季控制浇水，注意及时排涝，注意田块周围通风畅快以便降温排湿。

②药剂防治。发病初期，用75%百菌清可湿性粉剂600倍液，或58%甲霜灵锰锌可湿性粉剂500倍液，或10%双效灵水剂400倍液，或50%扑海因可湿性粉剂1000倍液喷雾，间隔5~7天一遍，连续喷2~3次。

3. 韭菜疫病

（1）发病症状　韭菜疫病可使韭菜根、茎、叶、花、薹等部位受害，其中以假茎和鳞茎受害最严重。叶片、花薹受害多从下部开始，初期为暗褐色水浸状病斑，当病斑蔓延扩展到叶片的大半时，病部产生稀疏的灰白色霉状物。假茎上也会长出稀疏的灰白色霉层。鳞茎受害时，根盘部会呈水浸状的浅褐色直至暗褐色腐烂。纵切鳞茎，会发现内部组织呈浅褐色，影响植株的养分贮存，生长受到抑制，新生叶片纤弱。根部受害变为褐色腐烂，根毛明显减少，影响水分吸收，使根寿命大减，很少发生新根，植株生长势头明显减弱。

（2）发病条件　该病发病温度为25℃~32℃，每年6~8月份为发病高峰期。在雨季来临早、雨水多、雨量大的年份多发病。地势低洼、排水不良、通风不畅的地块，或管理不善，保护地放风不及时的情况下容易发病。

（3）防治方法

①农业防治。选择排灌方便的地块施足底肥，精细平整，在雨季来临前修整好田间排涝系统，防止田间积水。常年种植韭菜的地区注意轮

韭菜疫病

作倒茬,保护地栽培一定要放风排湿。

②药剂防治。发病初期,可用瑞毒霉可湿性粉剂600~700倍液,或58%瑞毒锰锌可湿性粉剂400~500倍液,或65%琥·乙膦铝可湿性粉剂600倍液,或60%甲霜铜可湿性粉剂600倍液,或72%霜霉威水剂800倍液灌根或喷雾,以上药剂与巴巴安混用效果更佳。每亩喷施药液40~50千克,间隔6~8天喷一次,交替用药,视病情严重程度连续喷施2~3次。此外,也可用上述药液蘸韭根进行移栽,效果也不错。空气湿度大时,还可用5%百菌清粉尘剂,每亩1千克。

4. 韭菜锈病

(1)发病症状　韭菜锈病主要为害叶片和花梗。发病初期在表皮上产生纺锤状至椭圆形橙黄色隆起的小斑点,周围有黄色晕圈,后发展成为疮痂状,最后表皮纵裂,周围表皮翻起,散出橙黄色的粉末。病斑在

韭菜锈病

韭菜叶片的正反两面均可发生，严重时病斑连成片，似铁器生锈，稍有触动，可见橙黄色病菌孢子粉末呈雾状散开。

（2）发病条件　在天气温暖、露水多、湿度大的条件下，适宜病菌生长，发病就严重。病菌一般以菌丝体和夏孢子在病株残体上越夏，春秋雨季发病较多。冬季温暖有利于冬孢子越冬。此外，种植密度大，偏施氮肥，钾肥不足也容易发病。

（3）防治方法

①农业防治。实行轮作，减少菌源；适当稀植，以保持田间有良好的通风透光条件；多施农家肥，适当增施磷钾肥；及时中耕松土，促进植株健壮生长，提高抗病能力。对发病重的地块，可提前收获，抑制病情进一步发展蔓延。收获后要及时清洁田园，清除病叶残株，带出田外深埋或焚毁。

②药剂防治。当初发病时,就要及时防治。可用15%粉锈宁可湿性粉剂1000倍液,或用25%粉锈宁可湿性粉剂2000倍液,或45%微粒硫黄胶悬剂350~400倍液,或15%三唑酮可湿性粉剂1500倍液,或20%三唑酮乳油2000倍液,或25%敌力脱乳油3000倍液,或用97%敌锈钠可湿性粉剂200~300倍液喷雾,间隔8~10天一次,视病情严重程度连续喷施2~3次。

5. 韭菜白粉病

(1)发病症状　韭菜白粉病主要为害叶片。发病初期在叶背面产生斑块状白色霜霉,不久叶表面开始退绿,出现淡黄色病斑。为害严重时整个叶片布满白粉,使叶片变黄、下垂、枯萎。

(2)发病条件　白粉病的发生和流行主要取决于环境湿度,湿度大

韭菜白粉病

时容易发病。

(3) 防治方法

①农业防治：加强田间管理，防止湿度过大，清洁田园，中耕松土，培肥根株，增强抗病能力。

②药剂防治：在发病初期及时用70%甲基托布津可湿性粉剂1000倍液，或用75%百菌清可湿性粉剂800倍液，或用50%多菌灵可湿性粉剂600倍液，或用50%退菌特可湿性粉剂600倍液喷雾叶片，间隔6~8天一次。交替用药，视其病情严重程度连续喷打2~3次。白粉病为寄生菌，只能在活的寄主体内吸收营养，所以药剂要以预防为主，早治早好。

6. 韭菜细菌性软腐病

(1) 发病症状　可为害韭菜叶片、叶鞘、鳞茎和须根。初期叶鞘首

韭菜白粉病

先受害，呈水浸状软腐，有黏液溢出，散发腥臭味，湿度大时长各种霉层，腐烂由外向内发展。须根、鳞茎受害后呈黑褐色，叶片受害斑呈灰白色半透明状，老叶干尖变黄，最后整株连片死亡。

（2）发病条件　一般由于湿度大或遭受冻害而引起，主要在冬季保护地栽培过程中发生。其再传染主要通过收割韭菜的刀具传播，也随雨水或灌溉传播。

（3）防治方法　发病初期可用77%可杀得500倍液，或用高锰酸钾1000倍液，或用农用链霉素2500倍液，或用氯霉素3000倍液灌根防治，5~7天灌根一次，交替使用以上药物，连续用药4~5次。

7. 韭菜菌核病

（1）发病症状　主要为害韭菜叶片、叶鞘和鳞茎。发病初期病斑呈水浸状，鳞茎受害后呈灰褐色或褐色，之后腐烂干枯。湿度较大时病

韭菜菌核病

斑周围可形成灰白色菌丝，并形成菌核。菌核呈薄片状，椭圆或不规则形，前期呈黄白色，之后变成黑褐色。

（2）发病条件　雨水频繁的季节或年份易发病。此外，地势低洼，排水不良，种植密度过大，偏施氮肥也易发病。

（3）防治方法

①农业防治：雨后及时排水，防止积水；合理密植，防止郁蔽倒伏，促进通风透光，降低湿度；避免偏施氮肥，增施磷钾肥。

②药剂防治：每次采收后，及时喷50%井冈霉素水剂1000倍液，或50%农利灵1000倍液。或50%扑海因1000倍液，或75%百菌清800倍液，或4%农抗120瓜菜烟草型液500~600倍液，每隔10~15天喷一次，连喷2~3次，可有效防止菌核病的发生。

二、虫　害

1. 韭蛆

韭蛆又叫韭菜蛆、根蛆，一般是指韭菜迟眼蕈蚊，有时还包括其他蚊类和蝇类害虫，是目前韭菜生产中最主要，也是最顽固的防治对象。过去，有个别农户为了防治韭蛆，就使用在蔬菜上已经明令禁用的一些剧毒农药如1605、3911甚至是甲胺磷、呋喃丹等，结果导致人们因食用含高度残留毒素韭菜而中毒的事件。主要症状为出现轻微头痛、恶心，或送医院抢救，甚至危及生命。因此，科学防治韭蛆是当前韭菜生产的一项紧迫任务。

韭蛆

（1）为害特点　韭蛆的寄主有韭菜、大葱、大蒜和其他花卉药材等，其中以韭菜受害最为严重、最为广泛。初孵幼虫首先取食韭菜叶鞘基部的嫩茎上端，春秋两季主要为害韭菜的嫩茎，使根基腐烂，地上部分叶片枯黄而死；夏季高温时则向下移动，蛀入鳞茎取食，严重时造成鳞茎腐烂，整墩枯死。韭菜一旦遭遇韭蛆为害，韭苗枯萎不能萌发新芽，有的虽然萌发了新芽，但长势细弱，要经过1~2年的培护才能恢复正常生长。

（2）发生规律　韭蛆以老熟幼虫或蛹的状态在韭菜鳞茎内及根际3~4厘米深的土中越冬。露地条件下，一年发生2~6代，发生代数随地区南移而增多，据调查，天津地区一年可发生4代。保护地条件下，发生代数可多达10余代。在一般年份，露地韭菜萌芽生长初期就会发生越冬幼虫为害，5月上旬是韭蛆为害的一个高峰期，10月上旬是另一个为害高峰期。在保护地内，越冬幼虫可继续为害，而且为害程度较严重。韭蛆为害与韭菜苗龄有关，当年播种的幼苗根株小，植株周围透气性好，受害程度较轻；2年以上的植株生长势旺盛，分蘖增多，叶片数多，近地面处通风不良，为害加重。韭蛆为害也与气候条件有关，在日平均气温17℃左右，相对湿度低于50%，一次性降水量在30毫米以下时，就容易发生韭蛆为害。而暴雨过后，地面出现积水，土壤空隙间氧气缺乏时，韭蛆为害较轻，但地面积水对韭菜生长十分不利。韭蛆为害还与土壤类型有关，黏重土壤中生长的韭菜韭蛆为害较轻，而壤土中生长的韭菜韭蛆为害偏重。韭蛆为腐食性害虫，凡是施用了未经腐熟的有机肥，具有强烈的臭味，可吸引韭蛆成虫产卵，为害相当严重。在韭菜盛花期发生异味，或根际腐烂时发生臭气，均会招来大量成虫产卵。

（3）防治方法

①选用抗性品种。目前尚没有对韭蛆完全免疫的品种，但有些品种对韭蛆存在一定抗性，如银川窄叶韭、广州大叶韭、广西细叶韭。一般来说，不休眠型品种对韭蛆的抗性强于休眠型品种，生长势强的品种对韭蛆抗性更明显一些。

②科学施肥。施用充分腐熟的有机肥，在成虫发生盛期不要浇泼稀粪。施肥要做到开沟深施覆土。

③灌水防治。在早春和秋季，尤其是秋季幼虫发生时，连续灌水3天，每天早晚各灌1次。灌水以淹没垄背为宜，以使韭蛆窒息死亡。加入适量农药效果更佳。韭菜收割后，用3%氨水搅拌均匀，停留15~20分钟后灌根，可减轻韭蛆危害。

④剔根防治。用竹签等物剔开韭根周围土壤，降低韭根及周围的湿度，营造干燥环境，经5~6天可明显降低幼虫孵化率和成虫羽化率，剔根时间以春季地面表土未完全解冻为宜。覆土前沟施草木灰或毒糠，可防治幼虫。

⑤糖醋液诱杀成虫。用糖、醋、酒、水按3∶3∶1∶10的比例混合，再加入1/10的90%晶体敌百虫，配制成混合液，分装在瓷制容器内，80

平方米面积上放1个,可有效诱杀韭蛆成虫,5~7天更换1次,隔日加1次醋液。

⑥药剂防治。在成虫羽化盛期(4月中下旬、6月上中旬、7月中下旬、8~10月中旬),用10%菊马乳油2000倍液,或20%溴氰菊酯乳油2000倍液,或2.5%功夫乳油2000~4000倍液喷雾,杀灭成虫。以上午9~10时施药为佳。在幼虫为害盛期,如发现叶尖变黄变软,并逐渐向地面倒伏时,用一些低毒性农药如48%乐斯本乳油2000倍液,或20%菊马乳油2000倍液,或75%辛硫磷乳油500倍液,或90%晶体敌百虫1000倍液,或选用非化学农药0.5%护卫鸟(藜芦碱醇溶液),或15%蓖麻油酸烟碱乳油,或32%烟碱楝素水剂,或11%苦参碱粉剂,或18%虫螨克(齐螨素)乳油进行灌根防治。以上药剂均有较好的杀蛆效果,6~8天一次,连续喷洒2~3次。如果是保护地韭菜栽培,应在扣膜前把韭根扒开,晾晒7天,可杀死部分越冬幼虫,随后灌1次乐斯本,效果更好。

2. 韭菜蛾

韭菜蛾又叫葱须鳞蛾,近几年,韭菜蛾对韭菜的为害有愈演愈烈的发展趋势,应加强防治。

(1)为害特点 韭菜蛾可为害韭菜、葱、蒜和洋葱等。其幼虫蛀食韭菜叶片和叶鞘,严重时心叶变黄,降低产量和品质,一般老韭菜特别是种株受害严重。近年来为害程度逐渐加剧。幼虫会将韭菜叶咬成纵沟,向茎部蛀食,但不会侵入根部。

(2)发生规律 韭菜蛾一年发生多代,在沈阳地区一年发生4~5代,世代重叠严重。成虫羽化后3~5天开始产卵,卵期5~7天,幼虫期7~11天,蛹期8~10天,成虫期10~20天。一般在6月以前,韭菜蛾发生病害

韭菜蛾

很轻,8月份为害最重,11月中旬羽化成虫,以成虫和蛹的形态在植株上越冬。成虫在叶片上产卵。幼虫老熟后从茎内爬至叶中部,吐丝作茧化蛹。幼虫发育最适温度为19℃~23℃。

(3)防治方法 在初孵期喷药,常用药剂有20%杀灭菊酯乳油2000倍液,90%敌百虫1000倍液,80%敌敌畏乳油1000倍液,2.5%敌杀死乳油2000倍液,2.5%功夫乳油2000倍液,也可用20%甲氰菊酯乳油2000倍液喷雾。

3. 韭菜黑蚜

(1)为害特点 韭菜黑蚜是近几年在北方出现的一种害虫。成虫有有翅蚜和无翅蚜,无翅蚜以群体为害为主,多分布在韭叶的背面和假茎上,吮吸韭菜汁液。程度轻可致叶片变黑,影响产量和质量,程度重可使叶片干枯致死,被害植株还容易发生霜霉病。

(2)发生规律 韭菜黑蚜春秋两季均可发生,以春季为害严重。在有保护地的地区,一年四季均能发生。近几年有大规模发生趋势,干旱

韭菜黑蚜

时尤为严重。韭菜黑蚜除了为害韭菜外,还为害其他葱蒜类蔬菜。

(3)防治方法

①农业防治。韭菜收获后,及时处理残株落叶,铲除杂草,或间除有害苗并立即带出田外处理。这样可消灭部分蚜虫,达到减少虫源的目的。

②物理防治。黄板诱蚜,银灰膜避蚜。采用银灰色薄膜进行地面覆盖,或在大棚温室周围平拉10~15厘米宽的银灰色膜条带(间隔10厘米),可收到较好的避蚜效果。

③药剂防治。用50%抗蚜威(避蚜威)可湿性粉剂2000~3000倍液喷雾防治效果较好,且对蚜虫天敌无害;也可用2.5%溴氰菊酯乳油或20%氰戊菊酯乳油3000倍液,20%菊杀死乳油,20%菊马乳油1500~2000倍液,25%喹硫磷乳油1500倍液,2.5%功夫乳油3000倍液喷雾。每隔7天喷1次,连续喷2~3次。

4. 黄条跳甲

（1）为害特点　黄条跳甲是黄曲跳甲、黄直条跳甲、黄狭条跳甲和黄宽条跳甲的总称，俗称地蹦子、土跳蚤。其中以黄曲跳甲分布最广，为害最重，其幼虫和成虫都能为害。成虫为害时咬食叶肉留下表皮，形成许多透明小孔。成虫还为害嫩茎和花蕾。幼虫主要生活在土中，取食韭菜地下假茎，将假茎表皮蛀成许多弯曲的虫道；还会咬断须根，使叶片由外向内发黄直至萎蔫而死。

（2）发生规律　黄条跳甲一年可发生4~7代，成虫在落叶、杂草或土隙中越冬。春天当气温达到10℃时，便开始活动取食。成虫善于跳跃，气温高时飞翔能力也强，在中午前后温度高时活动最盛，生活习性具有趋光性。卵多产在湿润的表土层，或韭菜根茎基部。幼虫孵化后向假茎处移动，咬食表皮，造成植株生长不良，严重时全株枯萎死亡。老熟幼虫在3~7厘米深的土中化蛹。在温室里，成虫和幼虫也都可为害。

黄条跳甲

(3)防治方法

①农业防治。在播种前或移栽前7~10天，深耕晒垄，能有效改变幼虫的生存条件，减少虫源，并有灭蛹的作用。在韭菜收获期，及时清除残株枯叶和田间杂草，均可减轻危害程度。

②药剂防治。当发现植株受成虫为害时，及时喷药。喷药须从四周向里，以防外逃。适用农药有20%杀灭菊酯乳油2000倍液，或90%晶体敌百虫800倍液；当发现植株受幼虫为害时，即用90%晶体敌百虫800倍液或50%辛硫磷乳油1000倍液灌根。每3~5天一遍，连续3~4次。

5. 韭菜潜叶蝇

(1) 为害特点　葱斑潜蝇又叫葱潜叶蝇、韭菜潜叶蝇。属双翅目花蝇科，以幼虫在韭菜叶组织内蛀食叶肉，形成隧道，并呈曲线状或乱麻状，严重影响韭菜生长。成虫活泼，飞翔于韭菜株间或栖息于叶端。幼虫在隧道内自由进退，成熟幼虫即在蛀道内化蛹。其活动严重影响韭菜生长。

韭菜潜叶蝇

（2）发生规律　京津地区每年发生4~6代，以蛹在土中越冬，第二年越冬蛹4月羽化。成虫活泼，白天飞翔于植物间或栖息在葱叶上，交配产卵，一般产卵多在上午9~11时，虫卵多产在嫩叶背面边缘叶肉里，尤其以叶尖处为多。幼虫孵化后即开始蛀食叶肉，在隧道内能自由活动，并有外迁为害习性。6月开始为害，9~10月为害最重，待幼虫成熟即在隧道中化蛹，落入土中越冬。

（3）防治方法

①农业防治。清洁田园，及时把被害叶片摘除，收获后彻底清除残枝虫叶，集中带出田外烧毁或深埋，可减少害虫在田间为害。保护无虫区，严禁从有虫区调入韭菜秧苗。

②药剂防治。在成虫盛发期，可喷21%增效氰·马（灭杀毙）乳油5000~6000倍液；在产卵盛期至幼虫孵化初期，喷80%敌百虫可溶性粉剂800倍液，或20%氰戊菊酯乳油2000~3000倍液、2.5%溴氰菊酯乳油2000倍液、40%菊马乳油2000~3000倍液、20%速灭杀丁乳油2000~2500倍液，隔7~8天喷一次，连喷2~3次。

6. 葱蓟马

（1）为害特点　葱蓟马又名烟蓟马，属缨翅目蓟马科，全国都有分布。主要为害韭菜、洋葱、葱等百合科蔬菜。葱蓟马成虫、若虫以锉吸式口器为害寄主植物的心叶、嫩芽，在叶组织表面形成许多不规则长条形黄白色坏死斑纹，严重时枯斑连片，受害叶扭曲枯死。此外，葱蓟马还可传播多种病毒病。

（2）发生规律　葱蓟马在我国由北向南发生世代逐渐增加，京津地区年发生3~4代，山东6~10代，华南地区20代以上，北方保护地可发

葱蓟马

生10代以上。气温25℃~28℃时,卵期5~7天,1~2龄若虫期6~7天,3龄若虫期即"前蛹期"2天,4龄若虫期(即"蛹期")3~5天。成虫寿命8~10天。孤雌生殖,每雌产卵21~178粒,平均约50粒。卵产于叶片组织中。2龄若虫后期常转向地下,在土表中经历"前蛹"及"蛹期"。以成虫越冬为主,也可以若虫在韭菜等寄主叶鞘内侧、土块下、土缝内或枯枝落叶中越冬,少数以"蛹"在土中越冬。南方地区和保护地内无越冬现象。成虫极活跃,善飞行,怕阳光,早、晚和阴天取食强。初孵幼虫集中在葱叶基部为害,稍长大即分散。气温23℃~25℃,相对湿度44%~70%有利于葱蓟马发生。久雨或暴雨,相对湿度70℃以上对其生长发育不利。一年中以4~5月和8~9月发生虫害严重。

(3)防治方法

①农业防治。实行韭菜与非百合科蔬菜1~2年轮作。种植前彻底消除田间植株残体,翻地浇水,减少田间虫源。生长期增加中耕和浇水次

数，抑制害虫繁殖。采用地膜覆盖栽培，阻止害虫入地化蛹繁殖。

②药剂防治。田间百株虫口达50~100头时立即施药。可选用20%康福多浓可溶剂2000倍液，或1.8%虫螨克乳油3000倍液，或10%赛乐收乳油1000倍液，或10%氯氰菊酯乳油3000倍液，或2.5%天王星乳油2500倍液，或5%百树得乳油3000倍液，或10%吡虫啉可湿性粉剂2500倍液喷雾，配药时适量加入中性洗衣粉或1%洗涤灵或其他展着剂、渗透剂，以增强药液的功效。隔7~8天喷一次，连喷2~3次。

7. 地老虎

（1）为害特点　地老虎属于多食性害虫，其幼虫在地下为害多种蔬菜及其他作物。为害韭菜时，咬断近地面的假茎，而且往往将其拖入洞中，仅将上部叶露在洞外，造成韭菜缺苗断垄。

（2）发生规律　地老虎在南方一年可发生5~7代，在北方一年发生2~4代。以蛹和老熟幼虫在土壤中越冬。一般第一代成虫3月上中旬初见，4月上旬是发生盛期，对酸甜之物和黑光趋性较强。成虫白天潜伏，傍晚活动取食，进行交配，卵多产在靠近地面的根茎和杂草上，初产卵为乳白色。初孵幼虫数小时后分散活动。3龄前多在表土、杂草内为害，3龄后开始转入地下，夜间出来活动。幼虫行动敏捷，以春季发生最多，为害最重，并有迁移为害的习性。

（3）防治方法

①农业防治。早春铲除地头、畦埂的杂草，并带出深埋或焚烧，可消灭部分卵和幼虫，减少为害。

②人工防治。用糖醋液或黑光灯可诱杀成虫，也可用2.5%敌百虫粉剂每亩1.5~2千克拌细沙10千克，于傍晚时分撒在植株周围，可杀死夜间

地老虎

出来为害的幼虫。当发现有断苗现象时,可在清晨拨开苗附近的表土找到为害幼虫将其杀死,连续捕杀几天,效果明显。

③药剂防治。对3龄前的幼虫,用20%灭扫利乳油3000倍液,或30%菊马乳油2000倍液喷施,间隔5~7天一次,连续进行2~3次即可。对3龄后转入地下为害的幼虫,也可用50%辛硫磷乳油1500倍液灌根防治。

8. 蝼蛄

(1)为害特点 蝼蛄又名拉拉蛄、土狗子,为杂食性害虫,喜食各种蔬菜,尤其是保护地蔬菜,由于小气候温暖,蝼蛄活动早,为害较严重。成虫及若虫均可为害,可将韭菜根茎部咬断成乱麻状,造成缺苗断垄。蝼蛄在土表层穿行时,形成许多隧道,使幼苗与土壤分离,直至干枯死亡。

(2)发生规律 蝼蛄以成虫或若虫在地下越冬,深度在地下水位以上及冻土层以下。每年3月进入表土活动,4月下旬至6月上旬为害最严重。6月下旬至8月潜入深土层越夏,此时为产卵盛期。9月上旬至土

第二章 韭菜病虫草害防治

蝼蛄

壤结冻前又潜到地表为害。气温在12.5℃~19.8℃，20厘米深，地温在15.2℃~19.9℃，土壤含水量在20%以上的条件下为害最重。潮湿、疏松、沙壤土地块内发生较重。

（3）防治方法

①黑光灯诱杀。蝼蛄具有较强的趋光性，有条件的地方可采用黑光灯诱杀。

②人工防治。夏季在蝼蛄产卵盛期，找到蝼蛄产卵处，先铲去表土，找到产卵洞口，往下挖10~18厘米。就可挖出卵，再往下挖8厘米左右，就可发现雌虫。

③药剂防治。用90%晶体敌百虫50克，加15千克温水，拌入30千克炒香的麦麸或棉籽饼，傍晚撒放在田间诱杀。

三、草 害

1. 韭菜田杂草种类

韭菜田里常见的杂草种类很多，有一年生或二年生的，也有多年生的。一年生杂草繁殖方式多以种子繁殖，消灭这些杂草的关键是要在其开花结籽前将其清除，以免留下大量种子到第二年继续萌发。这类杂草包括禾本科的狗尾草、稗草、马唐、牛筋草、画眉草，马齿苋科的马齿苋，野苋菜，大戟科的铁苋菜，藜科的灰菜，蓼科的萹蓄，桑科的拉拉秧等。二年生杂草一般在春季发芽生长，冬天来临前停止生长，以根茎越冬，第二年重新萌发新苗，夏季开花结籽，这类杂草包括菊科的苦苣，十字花科的荠菜，茜草科的猪殃殃等。多年生杂草除了通过种子繁殖外，还通过地下根茎或鳞茎的形式越冬，年年春季重新萌发返青，这类杂草繁殖速度快，危害重，清除难，种类包括莎草科的莎草，菊科的蒲公英、小蓟，禾本科的狗牙根、茅草、芦苇，旋花科的田旋花，车前科的车前子等。

2. 防止杂草滋长的方法

（1）农事处理　在韭菜播种或定植之前，对地块进行深耕细耙，拣出多年生杂草的地下茎。如果利用杂草生长非常旺盛的地块播种，最好进行浸种催芽，使韭菜幼苗早早出土并处于优势地位。覆盖用土尽量不用含有大量草籽的表层土，而是需要事先将表层土铲除，利用下层不含或少含草籽的细壤土准备覆盖。对于将要种植韭菜的地块，最好在前几

杂草

年先种植一些豆科作物或其他蔬菜，减少杂草基数，熟化土壤，这样非常有利于以后韭菜的生长。

（2）人工除草　韭菜植株小，密度大，人工除草相对困难，而且人工除草也很不彻底。在多雨的夏季，杂草生长速度极快，一般10天左右就需要人工拔除一遍杂草，否则，杂草很快会淹没韭菜，特别是在幼苗期间。人工除草要格外注意那些生长快、根系发达的杂草，如牛筋草，因为在人工拔除这些草时很容易将韭菜一同带出。

（3）化学除草　韭菜是非常适合化学除草的一种蔬菜，一是成本相对较低，二是效果非常理想，三是药效控制时间较长。目前，很多农民都已经感受到韭菜进行化学除草的好处。化学除草首先要正确选择除草剂品种，由于除草剂种类很多，其作用机理、理化特性、适用范围差别很大，应该根据当地杂草种类、分布和组成选择适宜的除草剂。其次要确定最佳用药量，根据除草剂特性、杂草生长状况、气候与土壤性质等来确定单位面积的最佳用药量,不可随意加大或减少用药量,在气温高、土壤湿润的情况下用药量要适当减少,遇春旱年份用药量也要减少。再次就要掌握科学的施药技术,施药应该喷洒均匀,不重复喷,不漏喷,这要求所使用的喷雾器必须事先调到最佳状态。最后还要注意使用安全,应该按照操作规程进行喷药,避免中毒。喷雾器每次使用后都必须进行彻底清洗,以免疏忽造成药害。不同时期喷施除草剂的方法有所不同。播种后至出苗前喷药宜早不宜晚,早喷药可借助土壤墒情,使药剂分散形成药膜,药效发挥更加理想,而且不会伤苗。药效时间一般可维持20~40天。幼苗出土以后可以使用除草通、菜草通、拿捕净、氟乐灵等选择性好的除草剂进行喷施处理。定植以后的成株也可以进行化学除草,但必须等到每次收割的伤口充分愈合,方可施药。如果禾本科杂草较多,可选用拿捕净、稳杀得、禾草克等喷施。在喷施除草剂之前,要将为数不多的个头较大的草人工拔掉。

第三章　大蒜高效栽培与病虫害防治

一、大蒜类型及主要的栽培品种

我国大蒜品种资源丰富，其栽培类型按照鳞茎外皮的颜色可分为紫皮蒜和白皮蒜两种类型。

（一）紫皮蒜

1. 特点及分布

外皮呈浅红色或深红色，蒜瓣少而大，一般4~8瓣，辛辣味浓，产量高，品质佳，耐寒性较差，适于春播，多分布在东北、西北、华北等地。

2. 优良品种

（1）阿城大蒜　为黑龙江主栽品种，早熟耐寒，味辛辣，蒜汁黏稠，品质优良。植株生长势强，叶色浓绿，蒜薹粗壮。大瓣种，每头5~7瓣。鳞茎外皮呈紫红色，平均单头重25克左右，横径3~5厘米。

（2）蔡家坡紫皮蒜　为陕西主栽品种，味辛辣、味浓，品质优良。具有早熟高产的特点，宜做青蒜、蒜薹和蒜头栽培。植株生长势强，叶色浓绿，较耐寒，鳞茎膨大，对日照长度要求中等，叶片较宽，叶鞘较长，蒜薹粗大。为大瓣种，每头7~8瓣。鳞茎外皮呈紫红色，平均单头重约60克，横径4.5~6厘米。

紫皮蒜

（3）开原大蒜　质脆味辣，品质优良。植株生长势强，叶色浓绿。大瓣种，每头4~6瓣。鳞茎外皮呈紫红色，单头重35~60克。

（4）金乡紫皮蒜　由苏联引入我国，又名杂交蒜、苏联大蒜，香辣味中等，以生产蒜头为主。该品种蒜皮呈红色，鳞茎肥大，横径4.5~7.0厘米，单头重45~80克。植株可高达85厘米，假茎粗1.5~2.0厘米，假茎高40~50厘米。叶色深绿，叶片长50厘米以上，叶宽3~4厘米。蒜薹较细，呈黄绿色，纤维少，品质好，但其耐贮性差。

此外，还有山东嘉祥紫皮大蒜、河北定县紫皮蒜、上海嘉定大蒜、浙江杭州白皮大蒜、云南云顶早蒜等地方品种仍在生产上使用。江苏大丰三月黄、贵州毕节白蒜、河北永年大蒜、山西应县大蒜、河南临颍的宋城白蒜等品种，都是有名的出口外销品种。

(二)白皮蒜

1. 特点及分类

外皮呈白色,有大小瓣之分,蒜头大,辣味淡,成熟晚,耐寒,耐贮,多适用于秋季栽培。大瓣种是生产上的主栽类型,以生产蒜头和蒜薹为主,每头5~10瓣,味香辛,产量高,品质好;小瓣种辣味较淡,每头10瓣以上,产量低,叶数多,假茎较高,适于蒜黄和青蒜栽培。

2. 优良品种

(1)苍山大蒜 山东兰陵县(原名苍山县)地方品种,属于大瓣种,有悠久的种植历史,是山东名产蔬菜之一,也是我国大蒜的重要出口品种。中晚熟品种,适应性广,耐寒性好,长势强,耐贮藏。是薹、蒜兼用的品种,一般鲜蒜头产量可达800~1000千克/亩,蒜薹粗大,产量在500千克/亩左右。

白皮蒜

苍山大蒜具有头大瓣少、皮薄洁白、味辣辛香、高产、优质等特点。蒲棵、糙蒜、高脚子3个品系的苍山大蒜在生产上种植较多，其中蒲棵品系栽培面积最大。苍山大蒜株高一般80~90厘米，假茎高约35厘米，10~12片叶片。蒜薹长60~80厘米，单薹平均重25~35克。苍山大蒜皮白色，多为6瓣，内外三层，瓣内皮稍呈赤红色，蒜头横径约4.5厘米。

（2）金乡白蒜　从苏联大蒜中人工选择而来，以生产鳞茎为主，蒜皮洁白，辣味中等。该品种植株高大，一般株高85厘米，假茎粗1.5~2.0厘米、高40~50厘米，叶色深绿，叶片长50厘米以上、宽3~4厘米。蒜薹较细，黄绿色，品质好，纤维少，但耐贮性差。鳞茎肥大，横径4.5~7.0厘米，单头重45~80克。

（3）嘉定白蒜　上海市嘉定地方品种，已有700多年栽培历史，是我国大蒜出口历史久、出口量较大的品种之一。适宜于长江中下游地区栽培。

嘉定白蒜有嘉定1号、嘉定2号两个品系，以白、辣、脆著称，蒜头肥大、色泽洁白、肉质脆嫩、辣味较浓是其共同特点。其中嘉定1号白蒜丰产性好，休眠期长，适应性较广，耐贮运。嘉定2号蒜头大，蒜薹壮，产量高，成熟较早。亩产蒜头可达600~700千克、蒜薹250~300千克。

（4）白皮马牙蒜　小瓣种，是吉林农安等地的农家品种。生长期长，为中晚熟品种，抽薹率低，适于腌渍和蒜苗栽培。植株直立，叶片狭长，蒜皮白色，蒜瓣狭长，辣味较淡，品质优良。每头8~9瓣，多者10余瓣。

（5）拉萨白皮大蒜　适应性强，主要于高寒地区栽培，具有抽薹率低，蒜头耐贮的特点。植株生长粗壮，蒜皮白色，鳞茎肥大，每头20余瓣，多者30余瓣，鲜重可达250克。生长期间地上部分易分杈。

二、大蒜栽培制度及栽培技术

（一）大蒜栽培制度

头（薹）用大蒜多以一年一茬露地或地膜覆盖栽培为主。在大蒜秋播区，为提高生产综合效益，大蒜可与其他作物进行间作套种。为充分利用光热资源，间作套种时，要考虑安排适宜的大蒜株行距，使之既适于间套作物的生长，又要有利于大蒜生长。秋播大蒜前茬以玉米、豆类及各种喜温的瓜菜为主，稻区可以和水稻轮作。在生产上经常采用的间套模式有以下几种。

1. 大蒜—菠菜—西瓜或冬瓜—矮生豇豆

该种植模式为山东金乡县大蒜主产区的生产方式，即在大蒜田的畦背上播种菠菜，菠菜2~3月收获，在大蒜收获前，套栽西瓜，并在西瓜田间播种矮生豇豆的四作四收生产模式。播种大蒜的畦面宽1.9米，畦背0.3~0.35米，大蒜出苗后播种菠菜。西瓜（冬瓜）于4月播种育苗，5月栽植。大蒜收获后播种豇豆，西瓜（冬瓜）于7~8月收获，豇豆于8~9月收获。

2. 大蒜—菠菜—南瓜—早熟菜花

做180厘米宽的畦，于靠畦一侧（约1米）的6行种大蒜，行株距20厘米×10厘米，剩余80厘米的空当内开沟播种3行大叶菠菜。11月陆续开始收获菠菜，至翌年3月可收获完毕。然后施肥、整地做成小高垄，其上覆地膜，于4月中旬按株距50厘米定植1行南瓜（南瓜于3月中旬育苗）。收获大蒜后把南瓜秧引向空畦，理顺蔓叶、压蔓、留瓜，7月下旬南瓜拉秧，可及时整地定植早熟耐热菜花。

3. 大蒜—生姜套作

选择生育期长的白皮蒜，进行垄栽，垄台上种蒜，垄沟里种姜。大蒜50厘米大垄双行，每个垄沟里单行种植生姜。生姜苗期需要遮阳，垄台上大蒜植株可以起到遮阳作用。春播大蒜一般于2~3月播种，姜于5月播种。

常见青蒜苗与其他作物间作套种模式为马铃薯—青蒜苗—越冬甘蓝，一年三熟高效栽培模式。茬口安排：3月上中旬播种马铃薯，6月中下旬收获。7月上中旬播种青蒜苗，9月上旬收获。7月下旬至8月上旬进行甘蓝播种育苗，9月中旬定植，露地越冬，翌年2月下旬至3月上旬收获。

（二）大蒜高产栽培技术

1. 播种时期

大蒜的播种期因地区和品种而异，可分为秋播和春播。以北纬35°~38°为大蒜春播和秋播的分界线，在北纬35°以南地区冬季不太寒冷，大蒜幼苗可自然露地越冬，多以秋播为主，来年初夏收获。在北纬38°以北地区，冬季严寒，幼苗不能安全越冬，秋播易遭冻害，宜在早春播种，夏中或夏末收获。在北纬35°~38°的地区春、秋播均可。虽然各地的具体播种期不同，但春播日平均温度一般在3℃~6℃；秋播日平均温度在20℃~22℃。

秋播大蒜播种的最适宜时间一般在9月中下旬至10月上中旬，以日平均温度20℃~22℃为适宜。这个时候温度适宜，天气凉爽，适宜幼苗出土和生长。在大蒜的具体种植区域，山东省的适播期为寒露前后，也就是10月上旬，北京市和陕西省的适播期是白露结束至秋分开始前后。在这个时期播种，幼苗在越冬前能长到4叶1心，在此期间植株的抗寒能力最强，采用地膜覆盖栽培模式可安全越冬。具体播种时间切勿过早或过晚。播种过早，幼苗越冬前生长过旺，消耗蒜种养分多，导致抗寒性较弱，严重的话，还会再行春化，第二年形成复瓣蒜，失去商品性状；播种过晚，越冬前蒜苗过小，养分积累少，抗寒能力差，导致无法安全越冬。因此，秋蒜播种时必须严格掌握播种期。

春播大蒜，温度达到大蒜发芽所需低温时为最适播种期，即日平均温度上升至3℃~5℃。在适宜播种期内尽可能提早播种，这样可以使短促的生长期延长，幼苗积累养分多，温度升高时使其生长加快；若播种过晚，生长期短，生长点在温度升高时不能通过春化阶段，容易形成独头蒜、少瓣蒜和无薹分瓣蒜，影响产量。

2. 整地做畦

大蒜对土壤种类要求不严，以疏松透气、保水排水性好、肥沃的壤土为宜。当前作收后，应深翻晒垡，细致整地，开沟做畦。

3. 合理密植

适当密植是增产增收的基础，应按照大蒜品种的生长期长短播种，

合理密植

做到适当密植。早熟品种生长期较短，叶数少，植株矮小，密度一般以亩栽5万株左右为好，行距为14~17厘米，株距为7~8厘米，亩用种150~200千克。中晚熟品种生育期长，植株高大，叶数较多，为充分利用光能进行光合作用，密度相应减小才能使群体结构合理。一般亩栽4万株上下，行距16~18厘米，株距10厘米左右，亩用种150千克左右。

4. 播种方法

播种前要做好选种及蒜种处理工作，蒜头选择肥大形正的蒜瓣作种，如不能完全达到要求时，则需分大、中、小三级。播前用50%多菌灵兑水配成500倍浓度的稀释液，将种瓣浸泡10~12小时后捞出，沥干水分进行播种，可有利于苗全苗壮，并有效抑制病菌侵染。

大蒜播种一般适宜深度为3~4厘米，栽种不宜过深，过深则出苗迟，假茎过长，根系吸水肥多，生长过旺，蒜头形成受到土壤挤压难于膨大；也不宜过浅，过浅则出苗时易"跳瓣"，幼苗期根际容易缺水，根系发育差，越冬时易受冻死亡。由于大蒜的叶片生长具有方向性，蒜瓣的背腹连线与行向平行，长出的蒜叶正好与行向垂直（叶片生长的方向与蒜瓣背腹连线垂直），叶片向行间伸展，有利于叶片接受更多的阳光而不遮阴。

5. 地膜覆盖

大蒜播种后需及时浇足浇透水。在浇水后盖膜前喷一次除草剂，药剂可选用乙草胺、二甲戊乐灵、乙氧氟草醚等，也可以是以上药剂的复配剂，喷雾时要均匀周到，做到不漏喷、不重喷。覆膜时可用水果刀或镰刀头背将地膜边缘压入土中，注意地膜要拉紧、铺平、贴紧地面，将地膜两边压牢，以防秋冬刮大风时将地膜揭起。

6. 田间管理

（1）放苗　播种后7天幼芽开始出土，在芽未放出叶片前，一般利用早晨或傍晚，气温低、地膜弹性小时用扫帚等轻轻拍打地膜，蒜芽即可透出。地面平整、播种质量高、地膜拉得紧的，通过拍打，70%~90%的蒜芽可透过地膜，少量幼芽不能顶出地膜，可用小铁钩及时破膜拎苗，否则将严重影响幼苗生长。

（2）冬前管理　大蒜根系小、根毛少、分布浅、吸收能力弱，因而对水分要求严格。播种后要及时浇足浇透水，以利于大蒜的发芽及地膜的覆盖；出苗后视墒情浇一次小水，以利于保全苗，打好越冬基础。大蒜苗期需要的营养主要由母瓣供应，故土壤中的有机质基肥足够供应大蒜苗期的肥料需求。

（3）返青期管理　惊蛰后气温回升，地温在15℃以上时浇水，有利于促进大蒜的生长。结合浇水进行追肥，可每亩撒施10~15千克尿素，或15千克硫酸钾复合肥。早熟品种早追肥，中晚熟品种迟追肥，保持幼苗长势旺盛，茎叶粗壮，到烂母时少黄尖或不黄尖。

（4）蒜薹生长期管理　蒜薹露尾时，是大蒜需肥需水临界期。蒜薹刚一出尖时保证浇透水，满足大蒜出薹对水分的需要。种蒜退母后，花芽和鳞芽分化进入花茎伸长期。此期旧根衰老，新根大量发生，同时茎叶和蒜薹迅速伸长，蒜头开始缓慢膨大，需要的养分增多，应结合浇水追施20千克硫酸钾复合肥或15千克尿素加10千克硫酸钾。收薹前3天停止浇水，便于提薹。

（5）蒜头膨大期管理　采薹后是蒜头膨大盛期，采薹时保护好叶片和根系。这时以蒜头膨大增重为主，蒜薹拔完后应及时浇膨大水，保持土壤湿润，防止大蒜叶片早衰，以促进养分向鳞茎转移及蒜头膨大。蒜头收获前6~7天应停止浇水，促进蒜头老熟，防止蒜头散瓣。此次追肥以速效氮肥为主，磷、钾肥为辅，每亩冲施尿素或硫酸钾复合肥15~20千克。若前期底肥及追肥及时，此期可免追膨大肥，防止早熟和早中熟品种形成的蒜瓣幼芽返青，重新长叶消耗蒜瓣的养分而减产。

（6）适时采收

①采收蒜薹。蒜薹抽出叶鞘开始甩弯时，是收获蒜薹的适宜时期。采薹时间过早，易折断，产量低，经济效益低；采薹过晚，虽然可提高产量，但蒜薹组织老化，纤维增多，且消耗养分过多，影响蒜头生长发育。采收蒜薹在晴天中午和午后较为理想，此时植株有些萎蔫，叶鞘与蒜薹容易分离，并且叶片有韧性，不易折断。此外，提薹时应尽量避免蒜叶损伤，要保护好旗叶，防止叶片提起或折断而影响蒜头膨大生长。

②收蒜头。收获过早，蒜头嫩而水分多，组织不充实，不饱满，贮

采收

藏后易瘪,产量低;收获过晚,蒜头容易开裂,拔蒜时蒜瓣易散落,失去商品价值。

采收标志:植株基部叶片大都干枯,上部叶片开始褪色,叶尖向叶身逐渐干枯下垂,假茎松软有韧性,出现倒状,表明蒜头已经成熟。收获时应轻拔轻放,不磕不碰,以免蒜头受伤,降低商品价值及贮藏性。收获后大蒜要及时晾晒,使其干透,又要防止暴晒,防止糖化。

通常采用的方法:收获后的大蒜,在地里先进行晾晒脱水,成行摆开,后一行的蒜叶要搭在前一行的蒜头上,即只晒蒜叶不晒蒜头,晾晒1~2天后,把蒜须削掉(削时一定要削平、削净,且不伤蒜体),于通风处继续晾晒,待蒜秆八九成干时,在蒜秆2厘米以下剪蒜头,装袋,或蒜叶失绿干枯后编辫,于通风处继续晾晒,其间要注意防雨。大蒜收获后,及时清除残留的地膜。

(三)青蒜(蒜苗)高产栽培技术

1. 品种选择

栽培青蒜(蒜苗)主要是食用其幼苗,故应选择蒜瓣小的早熟品种,这样不仅节约用种,还能提早收获。因白皮蒜具有瓣小、数目多、耐寒、早熟、休眠期短的特点,白皮蒜多用做南方地区青蒜栽培。

2. 整地施肥

大蒜根系浅,吸收肥料能力较弱。种植前应施足有机肥,种植青蒜以土层深厚、肥沃、疏松、排水优良的砂质土壤为宜。结合

青蒜

深耕亩施腐熟堆肥2000~3000千克或厩肥1000~1500千克作基肥,翻压并碎土,筑2米宽左右的畦,挖好排水沟,畦面要求保持平整、松软。

3. 种蒜处理

蒜头收获后,约有两个多月的生理休眠期。要提前播种使青蒜提早上市,必须打破蒜种的休眠期。大蒜打破休眠方法有如下几种。

(1)低温处理法 7月下旬至8月上旬,将蒜种装入塑料编织袋,吊入深井水中浸24小时,或用冷水浸洗后放在阴凉处,蒜瓣发根露芽时播种,也可将蒜瓣放在0℃~4℃低温下处理一个月。

(2)潮蒜催醒法 在播种前15~20天,将蒜瓣放在凉水中浸5~10分钟,捞出沥干后均匀平铺在阴凉潮湿的地上,厚度7~10厘米,每隔3~5天翻一次,温度保持11℃~16℃,相对湿度不低于80%。经15~20天大部分蒜种种根发白,即可播种。

(3)药物处理法 用150~200毫克/升的赤霉素溶液对种蒜进行浸泡处理,可解除蒜瓣休眠,促进大蒜提早出苗。

4. 播种时期及密度

7月下旬,露地遮阳播种伏青蒜,于中秋节前后上市;秋青蒜于8月下旬至9月上旬播种,可用风障和草苫防冻,于元旦左右上市;阳畦青蒜可在10月上旬播种,后期用风障、薄膜和草苫保护越冬,供应2月上旬至4月上旬市场需求,风障畦播种青蒜苗可在11月上旬播种,蒜种在土内越冬,来年萌发形成青蒜,于清明后上市。长江流域收青蒜的可以提早到8月中旬播种。华南地区收青蒜的9月至翌年1月播种。应根据市场需求分期分批播种,利于分批采收。播种后经过5~7天即可出苗,再过3天左右便可齐苗。

青蒜（蒜苗）适宜密植，一般植株之间的行距为2~3厘米和13~17厘米，每亩用种量为250~350千克，播种后保墒促苗。

5. 肥水管理

播种后浇透1次水，以促使蒜瓣发芽。出苗后再浇一次提苗水，使土壤湿润，确保蒜苗早出并齐整。齐苗后施速效肥提苗1次，以后视土壤墒情，浇水1~2次；结合浇水每亩追施尿素5千克、叶面喷施0.3%磷酸二氢钾2~3次，保持土壤湿润，利于蒜苗生长。

6. 适时采收

青蒜（蒜苗）食用部分为蒜苗的假茎和叶片，没有严格收获期，一般长出4~6片叶后，随时可以收刨。一般苗高20厘米时可分批陆续采收。为延长供应期及保证商品性状一致性，采收时可采大留小，隔株采收。采收后要及时追肥，保证留下的植株可再施肥保长。早蒜出苗后适当蹲苗，之后促进生长，追施速效性氮肥。

三、大蒜主要病虫害及防治措施

近年来，随着蔬菜种植面积的逐年扩大、耕作制度及栽培生态环境不断变化，大蒜植株的抗性逐年降低，大蒜病虫害的发生产生了新的变化，某些病虫呈急剧上升趋势，加剧了对大蒜的为害，造成的损失越来越大。

（一）大蒜主要病害及防治措施

1. 叶枯病

（1）发病症状　主要为害叶或花梗。叶片发病初期从叶尖出现花白

叶枯病

色小圆点，扩大后呈椭圆形或不规则形，表现为灰白色或灰褐色，病部产生黑色霉状物，严重时病叶枯死，病害向叶茎蔓延，由植株下部向上扩展。

（2）发病规律　由大蒜叶枯病菌侵染致病。病菌主要以菌丝体和子囊壳随病残体在土壤中越冬，翌年散出子囊孢子借风、雨传播，进行初侵染，之后病部产生分生孢子，进行传播为害。

（3）防治方法

①实行轮作，不连作，对田间病株要及时清理。

②种子处理：播种前种瓣用50%的多菌灵可湿性粉剂进行拌种，药剂用量为种瓣重量的0.3%。

③发病初期每亩用75%百菌清可湿性粉剂100克，兑水稀释后喷雾2~3次进行防治。

2. 紫斑病

（1）发病症状　在田间主要为害叶片和蒜薹。贮运输期间为害鳞茎。田间发病病斑多从叶尖或花薹中部开始发生，初为白色小病斑，稍凹陷，中央微紫色，扩大为椭圆形至纺锤形、病斑为黄褐色。湿度大时，病斑上面产生黑色霉状物常形成同心轮纹，易从病部折断。贮运期间鳞茎受害，常从鳞茎颈部开始变软腐烂，呈深黄色或红色。

（2）发病规律　该病由香葱链格孢菌侵染致病，和大葱紫斑病菌为同一种真菌，其越冬、传播和发病条件与大葱紫斑病相同。

（3）防治方法

①播种前种瓣用50%的多菌灵可湿性粉剂进行拌种，药剂用量为种瓣重量的0.3%。

②发病初期喷洒75%百菌清可湿性粉剂500~600倍液，或25%嘧菌

紫斑病

酯悬浮剂1500倍液,连喷3~4次。

3. 灰霉病

(1) 发病症状　主要为害叶片。叶片病斑为长椭圆形,初呈浅褐色,后变为灰白色。湿度大时,病斑上密生较厚的灰色绒霉层,致使叶片变褐或呈水渍状腐烂。贮藏期间,蒜头会继续发病,蒜瓣干枯,表面长出灰霉。

灰霉病

(2) 发病规律　由葱鳞葡萄孢菌侵染所致。病菌主要以菌核方式潜伏在蒜田土壤中越夏、过冬。在低温高湿下产生孢子,传播侵染大蒜,冬前和翌春田间有两次发病高峰,以春季为主。库藏蒜薹菌源主要来自田间,其次为库房内带菌。

(3) 防治方法

①选择地下水位低、土壤排水性良好的地段种植,防止田间积水。

②合理密植,增施磷、钾肥,避免过量施用氮肥及灌水,防止植株徒长。

③田间发现中心病株后,及时拔除并喷50%托布津可湿性粉剂500~600倍液,或50%扑海因异菌脲可湿性粉剂1000倍液。

④贮藏蒜薹的冷库和其中的货架,在使用前喷1%~2%的福尔马林溶液或0.3%~0.5%的漂白粉溶液消毒。

4. 锈病

(1)发病症状　主要侵染叶片和假茎。病部初为梭形褪绿斑,后在表皮下现出圆形或椭圆形稍凸起的霉孢子堆,表皮破裂后散出橙黄色粉状物,即夏孢子,病斑四周具有黄色晕圈,后病斑连片至全叶黄枯,植株提前枯死。在冷凉、湿度大时发病重。

锈病

(2)发病规律　多因夏孢子在留种葱和越冬青葱及大蒜病组织上越冬所致。翌年入夏形成多次再侵染,此时正值蒜头形成膨大期,为害严重。

大蒜收获后侵染葱或其他植物，气温高时则以菌丝在病体组织内越夏。

（3）防治方法

①选用抗锈病品种，如紫皮蒜较耐病。

②发病初期，选用70%代森锰锌可湿性粉剂1000倍液加15%三唑酮可湿性粉剂200倍液。

5. 白腐病

（1）发病症状　又称菌核病，主要为害大蒜茎基部，发病初期病部呈水渍状，以后病斑变暗色，溃疡腐烂，发出酸臭味。湿度大时，病部表面长出棉毛状菌丝。后期病部形成不规则的黑褐色菌核。

白腐病

（2）发病规律　由子囊菌亚门白腐小核菌真菌侵染所致。病菌以菌核在土壤中越冬，长出菌丝借灌溉、雨水传播，直接从根部或近地面处侵入。翌年3月，大蒜返青期开始发病，4月中下旬达到发病高峰期。低温、高湿条件下发病快而严重，植株生长不良，连作、排水不良，缺肥地块发病重。

（3）防治方法

①收获后及时清除大蒜病株残体，带出田外深埋。

②播种前种瓣用50%的多菌灵可湿性粉剂进行拌种，药剂用量为种瓣重量为0.3%。

③发病初期用50%多菌灵可湿性粉剂500倍液、40%菌核净可湿性粉剂800倍液、70%甲基托布津可湿性粉剂喷雾防治，重点喷茎基部，隔7~10天喷1次，连续防治2~3次。

（二）大蒜主要虫害及防治措施

大蒜虫害主要有葱蝇、种蝇、韭蛆等为害根部的害虫，但是近几年来，美洲斑潜蝇、蓟马，以及螨类等害虫为害逐年加重。

1. 根蛆

大蒜的主要地下害虫，常见的是种蝇的幼虫，其次是葱蝇的幼虫。

根蛆

它们幼虫大都在4月潜伏于土壤中蛀食大蒜鳞茎,引起大蒜植株腐烂、叶片枯黄、萎蔫,甚至成片死亡。韭蛆以幼虫群居于大蒜鳞茎处为害,最初外层叶鞘受害,外层叶鞘腐烂后,仅剩叶脉,并逐渐向内蛀食,造成蒜瓣受损,蒜头散瓣。

根蛆虫害在一般年份发生不普遍,对蒜蛆偏重发生的地块,可结合整地,在大蒜种植开沟时,每亩施草木灰40千克,施于沟内,能有效控制蒜蛆发生。当蒜蛆为害比较严重时,可用药物防治,防治方法是烂母时(此时田间散发酸臭味,引诱蛆蝇产卵)结合防治根部病害,每亩用50%辛硫磷乳油100毫升,兑水稀释后,向大蒜根部灌药。

2. 葱蓟马

又叫烟蓟马、棉蓟马,主要为害葱蒜类蔬菜,还可以为害瓜类和茄果类蔬菜。葱蓟马主要以成虫和若虫潜藏在葱、蒜类蔬菜的叶鞘内及在杂草、枯枝、落叶和土缝中越冬。翌春开始活动,继续为害。成虫和若虫以锉吸式口器吸取叶片中的汁液。被害叶片形成许多长形的灰白色的斑点,严重时叶片扭曲、皱缩,叶枯黄。

葱蓟马

药剂防治：在1~2龄若虫为害盛期进行喷药防治，常用药剂有：1.8%阿维菌素乳油3000倍液，或10%吡虫啉可湿性粉剂2000~3000倍液，或拟除虫菊酯类药剂4000~6000倍液喷雾，隔7~10天喷一次，连喷两次。

3. 潜叶蝇

幼虫潜入叶片内后蚕食叶肉，使叶面上呈现出灰白色弯曲潜道，严重地阻碍大蒜的生长发育。

防治方法：①清洁田园；②在成虫产卵期每次用2.5%溴氰菊酯乳油20毫升/亩喷雾，或50%辛硫磷乳油600毫升/亩喷雾，注意轮换交替使用。

潜叶蝇

四、大蒜生产中常见问题

大蒜生产受大蒜常年连作、气候变化、种植管理不当等多种因素的影响，大蒜异常生长现象每年都有不同程度的发生，有的属于生理异常现象，有的属于栽培管理不当。目前发生最普遍、对质量影响最大的是二次生长、洋葱型大蒜、管叶、抽薹不良等问题。

（一）二次生长

1. 特点

二次生长又称次生蒜、马尾蒜、胡子蒜、冒樱子等。大蒜植株内层或外层叶腋中分化的鳞芽因不进入休眠而继续分化和生长叶片，形成次级叶丛，甚至产生次级蒜薹和次级鳞茎的现象，称为大蒜的二次生长。发生二次生长的蒜头形成畸形，蒜瓣排列错乱，且易松散脱落，既达不到出口标准，又影响国内销售，经济损失较大。

根据二次生长在大蒜植株上发生的部位，可分为外层型和内层型两种二次生长。

2. 原因

（1）种蒜的选用不当。遗传是使大蒜产生二次生长的主要因素，所以栽种大蒜首先应该选用适宜本地区种植的大蒜品种。

（2）蒜种贮藏条件不当。大蒜应在温度20℃以上和空气相对湿度75%以下的条件下储藏。低温高湿条件会提高大蒜外层型和内层型的二次生长株率。

（3）播期不当。盲目提前播期，是大蒜二次生长的一个主要原因。培育适龄健壮苗，可减少二次生长的发生。

（4）蒜种处理不当。若播前将蒜种进行冷凉或低温处理播种，会促进大蒜内层和外层的二次生长。

（5）栽培管理措施不当。生产栽培中大肥、大水和偏施氮肥，会造成大蒜产生二次生长。

（二）洋葱型大蒜

1. 特点

洋葱型大蒜又称面包蒜、气蒜、公蒜。洋葱型大蒜为鳞茎的异常生理变态生长所形成的类似洋葱鳞茎结构的大蒜。该类型大蒜鳞茎由异常加厚的叶鞘基部，以及全部或部分鳞芽的外层鳞皮加厚所构成，无肉质鳞片或肉质鳞片极不发达（似黄豆大小或无）或形成部分正常鳞芽，可形成蒜薹或无薹分化，无任何商品价值及食用价值。

2. 原因

（1）基肥配比不当。基肥中氮、磷和钾配比不合理，尤其是钾肥过少，磷肥相对过多及追施氮肥时期过早、施肥量过大是形成面包蒜的主要原因。防止面包蒜的措施是重视使用钾肥，氮、磷、钾配比合理及适期、适量追施氮肥。

（2）播期不当。大蒜蒜瓣的形成同时受温度、光照和养分等多方面的影响，盲目提前播种量，温度过高，抑制大蒜的正常萌发，也易引起面包蒜的形成。

（3）蒜种选用不当。遗传是产生这种情况的主要因素，选种时首先应该选用适宜本地区种植的大蒜品种，种蒜应具备蒜头大，蒜瓣肥，每

洋葱型大蒜

瓣蒜分体明显，4~8瓣构成一头的特点。

（4）蒜种贮藏的条件不当。若蒜种在播前30天在室温14℃~16℃或0℃~5℃，空气相对湿度75%~100%的环境中贮藏，低温加上高湿条件将会使马尾蒜、面包蒜产生株率提高。

（三）管叶

1. 特点

正常大蒜叶片是狭长而扁平的，"管叶"为中空管状，形似葱叶，近年来苍山大蒜的主产区田块管叶现象时有发生，发生株率一般在5%左右，严重的地块达20%左右。管叶发生的叶位愈向下，被套在管叶中的叶片数愈多，制造养分的器官就会愈少。此期植株正处于鳞茎肥大期，导致蒜薹、蒜头的产量和质量显著下降。

管叶

2. 原因及预防措施

管叶现象的产生除了与品种特性有关外，还与蒜种贮藏湿度、种瓣大小、播期和土壤湿度有关。低温下贮存的蒜种，其管状叶发生率明显高于一般自然条件下贮存的蒜种；冬暖年倒春寒、播种期提前、种瓣大、土壤干燥等，也会促发管叶现象的发生。

在预防上可采取以下措施：蒜种在室温下贮藏，避免长期处于15℃以下的冷凉环境中；选用中等大小的蒜瓣播种；适期晚播；保持适宜的土壤湿度，避免长期缺水。一旦发现管状叶，可及时划开，以消除或减轻对蒜薹和蒜头的不利影响。管状叶还会使内层二次生长株率增加，即使及时划开管状叶，也难以消除这种影响。

此外，如蒜头开裂与散瓣等现象也经常发生，其原因可能与蒜瓣的生长膨大特性有关；外层型二次生长的蒜头一般多开裂，多是由于土壤黏重，排水不畅，成熟后遇雨或收获前浇水过晚，收获过晚，贮藏不当等原因造成。

第四章　大葱高效栽培与病虫防治

一、大葱生物学特性

(一) 大葱的植物学特征

1. 根

大葱的根为白色弦线状须根，着生在短缩茎上，发根能力强，可随茎的伸长而陆续发出新根，根数可达50~100条，长度可达45厘米，直径

根

1~2毫米,主要根群分布在30厘米土层范围内。大葱的根有向气性,即随着叶片数增多和培土加高,大葱的根系不是向深处延伸,而是沿水平方向甚至向上伸展。大葱根的分枝性差,根毛少,吸水吸肥能力弱,要求土壤疏松肥沃。大葱根系怕涝,如果土壤湿度大,再加上高温条件,根系极易坏死,所以浇水一般不宜太多。

2. 茎

大葱在营养生长期,其茎为地下茎,短缩为圆锥形,先端为生长点,黄白色,叶片呈同心圆状,着生在地下茎上。大葱的茎具有顶端优势,分蘖少。随着植株生长,短缩茎稍有延长。通过春化作用以后,停止分化叶芽,开始分化花芽,逐步抽薹开花。大葱抽薹后,生长点受到损伤,在内层的叶鞘基部可萌生1~2个侧芽,并发育成新的植株。

茎

3. 叶

大葱的叶有1/2叶序着生于茎盘上，包括叶身和叶鞘两部分，叶身管状，表面有蜡层、中空，叶的中空部分是由于海绵组织的薄壁细胞崩溃所致，幼嫩的葱叶并不中空。在葱叶的下表皮及其绿色细胞中间充满油脂状黏液，能分泌辛辣的气味。大葱的假茎是由多层叶鞘环抱而成，中间为生长锥，叶片在生长锥的两侧按照互生的顺序相继发生。葱叶的分化也有一定的顺序性，内叶的分化和生长均以外叶为基础，并从相邻外叶的出叶孔穿叶鞘。外叶分化早，叶龄长，叶鞘短。随着新叶的出现，老叶不断干枯，外层叶鞘逐渐干缩呈膜状。大葱一生中发生叶片数最多的达30片以上，少的不足10片。一片葱叶从开始长出叶鞘到叶身衰老枯死需要经过40~50天。

叶

多层叶鞘抱合而成的假茎为葱白。假茎的高矮、粗细和形态，与品种特性有关，有圆柱状和鸡腿形等形态。进入葱白形成期后，叶片中的养分逐渐向叶鞘中转移,并贮存于叶鞘之中。叶鞘是大葱的营养贮藏器官,有贮藏养分和水分的功能。大葱的产量主要决定于假茎的长度和粗度,而假茎的生长又受发叶速度、叶数多少和叶面积大小的影响。其内因取决于品种特性和是否发生先期抽薹;其外因则受小气候温度、水分、光照、土肥水平等因素的影响。叶数越多,假茎生长就越高越粗;而且叶身生长越壮,叶鞘越肥厚,假茎就越粗大。假茎的高度随培土层的加厚而逐步增高。通过分期培土,为假茎的生长创造黑暗、湿润的条件,可促进叶鞘的延伸,使假茎伸长,同时也可使土壤软化从而提高大葱品质。

4. 花

大葱茎盘的顶芽在完成阶段发育以后,生长为花薹。花茎绿色,具有同化功能。大葱花茎的粗度和高度因品种特性和营养状况而异。花茎呈中空圆柱形,先端着生伞形花序,圆球形,每个花序有500朵左右的小花,呈白色或紫红色。小花的外面,由花序的总苞包被,先后开花,开花时,总苞破裂。大葱的花为两性花,属于虫媒花,异花授粉,采种应注意隔离。

花

5. 果实与种子

大葱的果实为蒴果,成熟后开裂,种子较易脱落。种子呈盾形,有6棱,稍扁平,种皮黑色,坚硬、不易透水,表面有不规则的皱纹,脐部凹陷,千粒重2.4~3.4克,种子寿命在正常贮藏条件下仅有活1~2年,生产上宜选用当年新籽作种,若采用低温干燥条件贮存,葱种寿命也可延长到10年以上。与其他蔬菜相比,大葱种子体内贮藏养分较少。

蒴果

(二)大葱的生育周期

大葱为两年生耐寒性蔬菜,整个生育周期一般可分为2个时期:即营养生长期和生殖生长期。春播通过1个冬天,需15~16个月;秋播要通过

2个冬天,需21~22个月,到第三年才抽薹开花结籽。为提高商品葱的产量和品质,大葱一般都进行秋播,翌年收商品葱,第三年收籽。根据大葱不同生长时期的特点又可分为以下5个阶段。

1. 发芽期

即从播种到第一片真叶出现。此期主要依靠种胚贮藏的养分生长。发芽条件适宜时,种子吸水致种胚萌动,胚根伸入土中,子叶伸长,腰部拱出土面。而后子叶尖端长出地表并伸直,再从出叶孔长出第一片真叶,此期9~15天。栽培上需保持土壤湿润,保证幼苗顺利出土。

发芽期

2. 幼苗期

大葱从出现第一片真叶到定植称为幼苗期。秋播时大葱的幼苗期很长,可达240天以上。从第一片真叶出现到越冬,历时40~50天,为幼苗

第四章 大葱高效栽培与病虫防治

幼苗期

生长前期。此期气温较低,植株生长量小,要防止幼苗徒长,导致感受低温春化引起先期抽薹;同时,幼苗徒长也会降低越冬能力。幼苗长到两叶一心可安全越冬,翌年也不会抽薹。越冬到第二年返青为幼苗休眠期,此期间幼苗生长极其微弱,要注意防寒保墒。冬前浇足水,必要时在畦后面加风障,以保证幼苗安全越冬。翌年日平均气温达7℃以上开始返青,大葱从返青到定植期间幼苗生长旺盛,此期须及时浇返青水,施提苗肥;日平均气温13℃以上进入旺盛生长期,为壮苗培育的关键期,随时要做间苗、除草,确保幼苗茁壮生长。春播葱的幼苗期80~90天,出土后很快进入旺盛生长期。

3. 葱白形成期

大葱定植后,缓苗期约需10天,然后即进入葱白形成期。此时正逢雨季，高温高湿，土壤通气不畅，容易导致烂根、黄叶和死苗，此时应加强中耕。植株在高温下生长缓慢，叶片寿命较短，每株功能叶仅2~3片。缓苗越夏期约需60天。进入秋季以后，温度降低，气候凉爽，大葱开始旺盛生长。白露前后是大葱最适宜的生长时节，这时大葱叶片寿命长，每株增至6~8片功能叶，而且叶片依次增大，制造的养分贮存于假茎中使其迅速伸长和增粗。大葱的最终高度和重量，主要在这一时期形成，因此该时期为水肥管理关键期。故应分期培土，结合浇水追施速效化肥，促进植株的生长，并使叶片的营养物质向下运送，加速葱白的形成。当日平均气温降到4℃~5℃或遇霜冻时，大葱叶身停止生长，叶身和外层叶鞘的养分向内层叶鞘转移，充实假茎，使大葱的品质提高，然后进入大葱收获季节。

4. 休眠期

大葱在收获后，低温使其被迫进入休眠状态，通过春化阶段，直至第二年萌发新叶、抽薹开花为止。这段时期一般历时3个月以上。

5. 开花结籽期

大葱收获后，在贮藏期间低温春化作用形成花芽。第二年春季，在长日照的条件和较高的外界温度下抽薹、开花，并形成种子。大葱花薹

开花结籽期

有较强的光合作用能力,光合强度高于同株叶片4倍,对种子产量有很大影响。同一花序各花开放时间有先后,种子成熟时间也不一致,从开花到种子成熟需20~30天。后期随温度升高,种子成熟加快,但饱满度较差。种子成熟后,应分期将花球剪下、脱粒、晒干收藏。

(三)大葱对环境条件的要求

大葱在营养生长时期,要求气候凉爽,土壤肥沃,中等光强;休眠期则需要低温才可通过春化阶段,一般品种于第二年在长日照条件下可开花。

1. 温度

大葱耐寒及耐热能力较强,其不同生长时期对温度的反应也不同。种子发芽适宜温度为13℃~20℃,虽然4℃~5℃的低温时也能发芽,但发芽速度随温度升高而加快。大葱植株适宜生长的温度为20℃~25℃,低于10℃时生长缓慢,高于25℃时生理机能失调,植株抗性下降,叶片发黄;气温超过35℃,植株呈半休眠状态,部分外叶枯萎。大葱耐寒能力强,其耐寒能力也取决于品种特性和植株养分的积累。植株在零下10℃时不受冻害;幼苗和种株在土壤、积雪和保护物覆盖下,可通过零下30℃的低温。

大葱为绿体春化型植物,植株积累一定的养分,长到两叶一心以上时,才可感受低温。若秋季播种过早,营养物质积累较多使植株生长过大,定植后会发生先期抽薹现象。以章丘大葱为例,4片真叶则会发生部分植株先期抽薹,两片真叶则会发生越冬死苗现象。越冬前幼苗最适宜的大小,因品种不同而略有差异。

2. 水分

大葱管状叶片表面布满蜡粉,蒸腾作用较弱,所以耐旱。但大葱根系较弱,主要根群分布在土壤的表层,根毛很少或无根毛,吸水力差,喜湿，因此要求较高的土壤湿度。在大葱幼苗期和假茎膨大期，适当浇水是获得高产的重要措施。栽培过程中，要根据大葱不同生育时期的需水规律及气候特点，进行浇水。适宜的土壤湿度，有利于发芽期种子萌芽出土；幼苗生长前期，适当控制浇水防止幼苗徒长或秧苗过大，返青后浇返青水；缓苗期以中耕保墒为主；植株生长盛期，需增加浇水量和浇水次数；葱白形成期为需水关键时期，需水量大，要小水勤浇；保持土壤湿润，若水分不足，植株较小，辛辣味浓。但大葱不耐涝，炎夏多雨季节，应控制浇水，同时注意雨后排水，以免沤根死苗；收获前要减少浇水量，以提高耐贮性，防止"贪青"。

3. 光照

大葱为筒状叶，其叶面积小，故在密植的情况下，叶片很少相互遮阴，受光状况良好，所以对光照强度要求不高。大葱的光补偿点1200勒克斯，光饱和点为25000勒克斯。光照过强，叶片容易老化，纤维增多，食用品质下降；光照过弱则导致叶绿素合成受阻，光合作用能力降低，叶身黄化，营养物质积累少，产量也随之降低。

长日照是诱导大葱花薹伸长必不可少的条件之一。大葱植株长到一定大小时，低温诱导春化作用后，经过长日照，可抽薹开花。但不同品种对日照长度的要求也不同，有些品种经春化以后，无论长日照还是短日照下都可抽薹开花。

4. 土壤和养分

大葱适于在土层深厚，保水力强、疏松透气、含有机质丰富的肥沃土壤上生长。若在沙土上栽培大葱，会因土壤过于疏松，保水保肥能力差，而且培土后容易倒塌，不能获得高产。黏土则不利于发根和葱白生长，会使大葱产量低。适宜大葱生长的pH值为5.7~7.4。低洼的盐碱地，会导致植株生长不良。并且大葱栽培应避免连作，否则随着连作的年限增加，病虫害增多，产量下降，品质变劣。

大葱喜肥，但根系吸收能力较弱，为提高大葱产量，必须注意增施肥料。栽培时，以施用充分腐熟的有机肥效果最好。青葱应多施氮肥，同时也要注意磷肥的施用。大葱一般每亩需氮约13~16千克，磷8~10千克，钾10~13千克。据测定，每生产假茎1000克，约吸收氮4.27克、五氧化二磷2.4克和钾204.17克。此外，钙、镁、锰、硼等元素对大葱生长也有一定作用。

二、优质高产栽培技术

（一）大葱露地高效栽培技术

1. 栽培季节

大葱对温度的适应性较广，幼苗可越冬，夏季也不休眠，且产品不论大小，随时可以收获上市，故可分期播种，周年供应。但供应冬季贮存的大葱，需在一定气候条件下栽培，才能形成粗大质优的葱白。大葱是绿体春化植物，植株长到两叶一心且积累一定营养物质时，才能感受低温通过春化。所以，大葱对露地秋播时间要求较严格，若育苗期提前，植株长得较大，当年越冬时就已通过春化，翌年未熟即抽薹，就会失去商品价值；晚播则越冬前养分积累过少，不能安全越冬。但大葱可在冬季保护地育苗，早春定植于露地或大棚内，进行早春生产；大葱亦可在夏秋播种，秋冬定植于大棚内，冬季进行覆盖栽培。

2. 播种育苗

（1）秋播育苗　苗床准备：宜选用土壤疏松，有机质含量丰富，地势平坦，灌溉方便的沙壤土，每亩均匀撒施腐熟农家肥2500千克，过磷酸钙25千克；深耕细耙，做成1米宽的平畦。

播种育苗

播种时间：秋播以秋分前后为好，严寒地区还可提早，幼苗越冬前有40~50天的生育期，能长成2~3片真叶，株高10厘米左右，茎粗4毫米以下为宜。这样生理苗龄的幼苗既可安全越冬，又可避免或减少翌年的先期抽薹。

播种方法：一般采用明水播种或暗水两种方法播种。前者具体方法是在整平的畦面上播种，用脚踩实，这样种子可浅埋于土中，然后浇水。后者是整好畦后先浇水洇地，水渗下后撒种，用从畦内起出的土覆盖，覆土厚度为0.5~1厘米。此外采用条播法播种一般行距为15~20厘米。每亩用种量一般3~4千克。秋播一般6~8天出苗，此时气温较高，播种后覆盖地膜以利于保湿，出苗时及时揭除。苗床浇水视土壤墒情而定，一般出齐苗后浇一次小水，土壤封冻前浇越冬水，其后为防寒保墒，保证幼苗安全越冬可在育苗畦上撒土杂肥或草木灰，翌年春天土壤解冻后及时将覆盖物搂出畦外。当大葱植株长出3片真叶后，结合浇水追施氮肥2~3次，而且，返青后要及时拔除杂草进行二次间苗。定植前一周停止浇水，进行炼苗，每亩葱苗可定植5~8亩。

（2）春播育苗　苗床应在冬前准备好，要求同秋播。土壤解冻后越早越好，一般3月中下旬（春分前后）播种为宜；出苗后及时撤去地膜，因生长期短，要加强肥水管理，生长前期需适当间苗，中期要结合浇水追肥3~4次，后期防止徒长要控制肥水，以免影响成活率。

3. **整地施肥**

生产上大葱需培土，因此需选择质地疏松、肥力中上、土层深厚、保水保肥力强的地块栽植。大葱忌连作，为防病虫害加重或营养物质的缺乏，应与非葱蒜类作物轮作。种植大葱的地块，在前茬作物收获后，应及时清除枯枝落叶和杂草，每亩施用5000~10000千克腐熟农家肥，进行深翻耙平，开沟做垄。种植方向宜南北向，可保证受光均匀，并可减轻秋冬季节的北向强风造成的大葱倒伏状况。

4. **定植**

定植期：大葱对定植期要求不严，在6月上旬及7月上旬均可定植。

选用壮苗：起苗前两天浇一次水，保证起苗时干湿适宜，同时要

整地施肥

剔除病、弱、伤残苗和有薹苗。壮苗标准为葱苗高30~40厘米，横径粗1~1.5厘米。

定植密度：大葱栽植行距因品种、产品标准不同而不同。短葱白品种宜选用窄行浅沟；长葱白品种对葱白要求不高时可窄行浅沟；质量要求高时用宽行深沟，但种植时不宜过深，以深7厘米左右，达到葱心为止，埋土过深导会致生长不旺。

大葱种植密度

品种类型	要求葱白长度（厘米）	行距（厘米）	沟深（厘米）	株距（厘米）	密度（万株/亩）
鸡腿葱	25~30	50~55	8~10	5~6	2.2~2.4
短白或长白类型	30~40	65~70	15~20	5~6	1.9~2.1
长白类型	≥45	75~80	25~30	5~6	1.5~1.7

定植方法：大葱定植的方法有排葱、插葱等。排葱适宜短白葱，插葱

适合长白葱栽植。将同一等级的葱苗插入沟底，紧贴沟脊，种植深度以不埋到心叶为宜，栽植深度要掌握上齐下不齐的原则，即葱苗心叶要距沟面以上7~10厘米。葱叶着生方向须与行向垂直，以利于后期栽培管理。定植覆土踩实后需立即浇水，但不宜过多，以防下雨积水过多或肥料渗漏。

5. 田间管理

（1）浇水　第一阶段为缓苗越夏期，无论哪种方法定植都必须浇足定植水。然后在大约20天的缓苗期间，植株小、根系弱，需水少，水分上要宁干勿涝，防止烂根。此期间一般不浇水，促使根系迅速更新，植株返青。夏季多雨季节，要注意雨后排水，防止根系缺氧而腐烂。第二阶段为发叶盛期，8月上中旬天气转凉，葱白处于生长初期，但气温仍偏高，植株生长还较缓慢，对水分要求不高，浇水2~3次即可满足需要，

浇水

此期间需避免中午浇水使地温骤然降低而影响根系生长。第三阶段为大葱旺盛生长及葱白形成期，是浇水的关键时期，要掌握勤浇，重浇的原则。处暑以后，当日平均气温降至24℃以下直至霜降前，平均每7~8天即可长出1片叶子，叶序越高，叶片越大，寿命越长。此期叶片和葱白重量增长迅速，需水量大大增加，应结合追肥、培土，每4~5天浇1次水，而且水量要大，使每沟浇足浇匀。若天旱少雨、浇水量不足，将严重影响葱白的生长速度和产量。一般高产地块在这个阶段需要浇水8~10次。第四阶段为葱白生长后期，10月下旬以后，应逐渐减少浇水。此期灌水2次可满足需要。霜降以后气温下降，大葱基本长成，进入假茎（葱白）充实期。植株生长缓慢，需水量减少，但仍需保持土壤湿润，使假茎灌浆，叶肉肥厚，充满胶液，葱白鲜嫩肥实。若缺水则使叶子枯软、葱白松散，产量降低，品质变劣。收获前7天停止浇水，便于收获贮运。

（2）追肥　大葱追肥应分期进行。立秋后，天气转凉，葱株生长逐渐加快，大葱缓苗进入发叶盛期前应追攻1次叶肥，以氮肥为主，肥水

追肥

结合促进大葱生长。第一次施肥约20天，大葱进入生长盛期，此时应追肥。约在8月下旬，按每亩施腐熟的农家肥4000~5000千克，或加尿素5~10千克，硫酸钾15~20千克，施于葱行两侧，中耕后培土变沟成垄，浇水。9月中旬追肥可在行间撒施尿素15~20千克，硫酸钾25千克，浅中耕、后浇水。以后要根据大葱的生长状况进行适量追肥，以满足大葱后期迅速生长的需要。但最后一次追肥的时间应距收获期30天以上。

（3）培土　培土可软化葱白、防止倒伏、提高葱白产量和质量。大葱假茎的叶鞘细胞伸长时需要黑暗与湿润的环境，并要有营养物质输入和贮存作为基础。大葱在加强肥水供应的同时进行培土，可以软化假茎，延长葱白长度，以提高葱白的品质。从立秋（8月上旬）到收获，一

培土

般培土3~4次,培土越高,葱白越长,葱白组织也较洁白和充实。每次培土高度根据假茎生长的高度而定,将土培到叶鞘和叶身的分界处,即只埋叶鞘,勿埋叶身,以免引起叶片腐烂。通过行间中耕,分次培土,使原来的垄变成沟,沟变成垄。

6. 收获

大葱可根据市场需要,随时收获上市。9~10月鲜葱可上市,大葱叶绿质嫩,含水量高,不宜久贮。晚霜以后收获的大葱可越冬干贮。霜降以后,管状叶内的水分减少,叶肉变薄下垂时,为冬贮干葱的收获适宜期,此时应及时收获。收获过晚会让大葱受冻,引起腐烂。

大葱收获时,为避免损伤假茎,忌猛拔猛拉,防止茎盘拉断或断根

收获

而降低葱的商品质量。大葱收获后抖净泥土，摊放在地里晾晒2~3天，待叶片柔软，须根和葱白表层半干时，除去枯叶，分级打捆。不可随便堆放，以免发热腐烂。大葱收获时还应避开早晨霜冻，防止葱叶损伤感染病害而腐烂。待日间气温上升，葱叶解冻时再收获。

（二）保护地大葱栽培技术

为满足市场的需要，大葱可利用温室、阳畦、拱棚等进行保护地栽培。但考虑到投资成本问题，生产上多使用拱棚进行栽培。保护地栽培的大葱一般以青葱（小葱）供应市场。

1. 育苗时间

大葱保护地栽培可随时排开播种，全年生产，但为便于管理，防止先期抽薹，可于春秋两季育苗。

（1）春季育苗　一般在2~3月用大棚育苗，苗龄50~60天，于3月下旬至4月下旬在拱棚内定植，定植方法与露地同。棚内温度白天维持在15℃~25℃，夜间不低于8℃，以防止先期抽薹，其他田间管理措施与露地相同。必须注意，若春季育苗过早，幼苗生长期或定植后温度过低，均易造成先期抽薹。

（2）秋季育苗　一般9~10月播种育苗，苗龄50~60天时定植，定植方法及管理与露地同。但随着气温的降低，生长速度减缓，为保证冬季生长，可在10月下旬覆盖棚膜，棚内温度管理与春季同。

2. 主要栽培技术

（1）播前准备　苗床选择同露地栽培，前茬收获后及时整地施肥，每亩可施3000~4000千克充分腐熟的有机肥，然后深耕细耙，做畦待用。

（2）播种　北方地区一般于9月上旬至下旬播种。适当调节播种时

大葱种子

期，冬前幼苗生长期为40~50天，生长成具有两叶一心、茎粗约0.4~0.5厘米、株高约10厘米左右，以免播期太早发生先期抽薹或太晚造成苗小受冻。播种方法同露地栽培。

（3）田间管理　播种出苗后要防止幼苗过大和徒长。土壤上冻前浇一次冻水，并在畦北面架设风障，高寒地区还应在畦面上覆盖草木灰或厩肥，以利于幼苗安全越冬。中小拱棚的骨架也应在土壤封冻前插好，并在四周挖好铺塑料薄膜的沟，以便于早春覆盖。

（4）扣膜　于2月上旬无风的晴天中午，将塑料薄膜盖到棚架上，四周埋入沟中并覆土压实。夜间可加草苫覆盖保温，保持棚内温度白天在15℃~25℃，夜间不低于8℃。

（5）扣膜后的管理　扣膜后表土化冻，中耕除枯叶和草，提高地温。幼苗返青时，随水施肥，每亩施10千克尿素，中耕，以促进幼苗生长。随着气温升高，葱苗生长加快，此时应根据土壤墒情，适当浇水。棚内温度达30℃以上时，要进行放风降温。3月上中旬葱苗长到高25~30厘米时即可收获上市。

3. 囤葱栽培

冬季国内市场鲜葱供应还可利用温室进行囤葱栽培。一般利用温室的边畦及走道等处囤葱。这些地方，温度变化大，光照差，种其他蔬菜长不好，可囤栽秋季露地栽培中生长较差的大葱，以新葱供应新年和春节市场。囤葱的方法是：先算好日期，在上市前20~30天，将供栽的大葱

囤葱栽培

去黄叶、干叶,按行株距10厘米见方,囤栽于施好肥的畦里,栽深7厘米。栽后4~6天,当葱干发出新根时浇1次水。温室中由于温度较高,大葱很快就长出新叶,随时收获上市。

(三)分葱栽培技术

1. 分葱的生长发育特性

分葱主要在我国南方各地栽培,分葱植株矮小丛生,鳞茎不膨大,分蘖力强;株高40厘米左右,能开花,但不易结实,一般用分株繁殖;有些品种也能开花结籽、用种子繁殖,但结籽后植株枯死。

分葱食用部分为细小柔嫩的假茎和嫩绿的叶片,有特殊辛香味,多用作菜肴调料。温暖地区可以全年生产,随时采收食用。分葱由于生长季节不同,可分为夏葱、冬葱、四季葱等。夏葱能在炎热的5~8月生长,冬葱以秋季生产为主,但均不耐寒冷。四季葱一年四季均可栽培,而以4~5月的产品品质最好。因为分葱的食用部位是嫩叶,分蘖多则叶片多,产量高。分葱分蘖是在茎盘上发生的,1株每年可形成20~80个分蘖,成为丛生状。分蘖多少与气温以及施肥水平有关。春夏时气温高、土壤肥沃、水分充足,

分葱

分蘖旺盛。若分蘖过多，地上、地下部互相拥挤，生长受到抑制，植株逐渐衰老，需要适时将植株挖出，重新分株栽植。

2. 繁殖方式

分葱繁殖时，在整平的畦上，按行株距24厘米×14厘米挖穴，每穴栽3~4株，栽深5~7厘米，栽后浇水，缓苗后中耕除草。分葱因根系分布较浅，根系吸收营养能力弱，栽植期间要保持土壤湿润，排水防涝。株高18厘米即可收割。

分葱繁殖

不开花结籽的分葱：江南一带的冬葱，于8月中旬选留健壮植株，分株丛栽，每丛3~4株，每亩栽8000~10000丛，10月中旬开始采收。遇霜冻地上部枯萎，以地下部越冬；翌年萌发，4~5月采收，不抽薹。5月叶鞘基部略膨大，地上部枯死。此时可将全株挖起晾干，挂藏越夏，8月重新分株栽植。

四季葱可四季栽培，一年可分株繁殖4次。第一次8月中旬丛栽，每丛3~4株，每株分栽8~10丛。11月中旬培土软化，翌年1~2月收获；第二次11月下旬分株栽植，不培土翌年3~4月收获；第三次3月下旬分株栽植，5月下旬收获；第四次5月下旬分株栽植，7月中旬收获，此时气温高，生长慢，产量较低。

开花不结籽的分葱：分蘖力较强，对环境适应性广，四季均可分株繁殖。栽培过程与前相同，不培土。由于植株较小，行株距宜较小，产量较低。

开花结籽的分葱：以种子繁殖，春播、秋播均可。春播3月中旬播种，5月单株分栽，每株可分蘖20个以上，6~9月分批收获；秋播8月开始播种，10月至翌年4月上旬陆续收获，而后抽薹开花结籽。

3. 田间管理

分葱虽有各种繁殖方法，但田间管理基本相同。分葱宜在地势高燥，有机质丰富，保水保肥力强，排水良好的沙壤土栽植。大多数品种多食用嫩叶和葱白，基肥以农家肥为主，分蘖多的品种可以培土软化。

培土软化

在分葱生长期间，每收割1次就要追1次速效氮肥，以促进叶片生长。施肥量在幼苗期少一些，随着植株生长可增加肥料的施用量。

三、病虫草害防治

（一）大葱病害防治

大葱病害主要有紫斑病、霜霉病、锈病、菌核病、葱类黄矮病、大葱灰霉病、大葱疫病、大葱白腐病、大葱炭疽病、大葱软腐病等。

1. 大葱紫斑病

（1）发病症状　主要侵害叶片和花梗。病斑多从叶尖中部开始发生，几天后即可蔓延至下部。初期病斑小，灰色至浅褐色，很快扩大为椭圆形或纺锤形，凹陷，呈暗紫色，常呈同心轮纹状。环境条件适宜时，病斑扩大到全叶，或绕花梗一周，叶片、花梗枯死或折断，严重影响鲜葱的产量、品质和种子的成熟。

（2）病原与发病规律　该病由半知菌亚门葱链格孢真菌侵染引起。病菌以菌丝体在寄主体内或随病残体遗落在土壤中越冬，种子也会带菌。越冬后的菌丝次年产生分生孢子，分生孢子借雨水和气流传播。南方病菌以分生孢子在各类葱蒜类蔬菜上辗转传染，无明显的越冬期。分生孢子随气流传播，从伤口、气孔或表皮直接侵入致病。温暖多湿，连阴雨天，缺肥，植物生长衰弱，还有葱蓟马造成伤口时，大葱发病严重。

（3）防治方法

①清洁田园，与非葱类作物实行轮作。

大葱紫斑病

②因地制宜选用抗病品种。

③加强肥水管理,使植株生长健壮,增强抗病力。及早防治葱蓟

马,以免造成伤口等。

④药剂防治:播前种子用40%福尔马林300倍液浸种3小时消毒,消灭种子带菌,浸后充分水洗。发病初期喷75%百菌清可湿性粉剂600倍液,或70%甲霜灵锰锌可湿性粉剂500倍液等,每7~10天1次,共喷3~4次,各药剂应轮换使用。

2. 霜霉病

(1)发病症状 为害叶片、花梗。起初形成椭圆形淡黄色病斑,边缘不明显,表面产生白色霉层。病部上方叶片下垂干枯,假茎受害会向被害一侧弯曲,易折断。幼苗感病后可全株死亡,成株感病还会造成减产。

霜霉病

（2）病原与发病规律　该病由鞭毛菌亚门霜霉属的真菌侵染引起。病菌主要以卵孢子随病残体在土中越冬，翌年通过雨水反溅，传到叶片上进行初侵染，潮湿时病部产生大量的孢子囊，主要随气流传播，引起再侵染。通过雨水和昆虫也能传播，相对湿度95%以上、气温15℃左右为此病流行适宜条件。低温多雨、重雾天气、地势低洼、过分密植、植株生长不良及大水漫灌都会导致发病。

（3）防治方法

①农业防治方法与大葱紫斑病相同。

②栽葱时选苗，消灭苗期带病植株。

③药剂防治：与紫斑病同，防治疗程为每7~10天1次，共喷2~3次，各药剂应轮换使用。

3. 锈病

（1）发病症状　为害叶片和花薹，病部产生椭圆形或棱形黄色稍隆起的疱斑，表皮裂开后散出橙黄色夏孢子。后期病部形成黑褐色椭圆形稍隆起的疱斑（冬孢子堆），纵裂散出紫褐色冬孢子，致使叶片上长满疱斑，病叶干枯。

（2）病原与发病规律　由担子菌亚门、葱柄锈菌侵染所致。该病菌以冬孢子和夏孢子

锈病

形态附在病株上越冬,形成初侵染源。孢子借助气流传播,侵入大葱而发病,形成夏孢子。夏孢子形成再侵染源,向周围植株蔓延。以春秋两季发病严重。春秋多雨、气温较低的年份发病重;肥料不足,植株生长不良发病严重。大葱春、秋季节易发病。

(3)防治方法

①多施农家肥,增强植株长势,提高抗病能力。

②发病严重处,提早收获。

③药剂防治:发病初期喷药,可用15%粉锈宁可湿性粉剂2000~3000倍液,或50%萎锈灵乳油800~1000倍液或70%代森锰锌可湿性粉剂500倍液等,每10天1次,共喷2~3次,各种药剂应交替轮换使用。

4. 葱类黄矮病

(1)发病症状 受害叶片产生黄绿色斑驳,或呈长条黄斑,叶面皱褶,新叶生长受到抑制,植株矮小、丛生或萎缩,发病严重时叶管黄化、下垂,整株枯死,影响产量、品质和贮藏稳定性。发病较普遍,而且没有有效药剂防治。

黄矮病

（2）发病规律 大葱黄矮病的病原菌为黄条病毒、矮化病毒。由蚜虫、蓟马或汁液通过摩擦接种传播。苗期高温干旱，多有翅蚜迁飞，或附近有葱类蔬菜发病早、受害重。早春早播病轻，晚播病重。高温干旱、低洼地、氮肥偏施过多时病重。

（3）防治方法

①实行轮作，不要在前茬为葱蒜类地块种植、育苗。

②发现病株及时拔除。

③避免单施氮肥，增施有机肥及氮、磷、钾肥配合施用。

④要加强虫害防治，减少传播途径；及时防治蓟马、蚜虫等害虫；农事操作注意不要损伤葱苗，以免病毒从伤口入侵。

5. 灰霉病

（1）发病症状 发病初期，大葱叶上生白色斑点，椭圆或近圆形，直径1~3毫米，多由叶尖向下发展。随着病情发展，病斑扩大连成一片，直到半张或整张叶片卷曲枯死，叶鞘内部组织腐烂。潮湿时，病部会长出灰色霉层。

（2）病原及发病规律 由半知菌亚门大蒜盲种葡萄孢真菌侵染所致。分生孢子随风雨传播，接触植物体后，主要由伤口侵入，也可直接穿透表皮而侵入。冷凉、高湿的环境条件最有利于灰霉病的发生。土壤黏度重，排水不良，灌水不当，过度密植，偏施氮肥，植株衰弱，伤口、刀口愈合慢等情况都能导致发病加重。

（3）防治方法

①清洁田园，与非葱类作物实行轮作。

②加强肥水管理，使植株生长健壮，增强抗病力；合理密植，使葱

灰霉病

田通风透光，防止高湿低温情况出现。

③药剂防治：发病初期喷50%速克灵腐霉利可湿性粉剂2000倍液，或50%扑海因异菌脲可湿性粉剂1500倍液，或36%甲基硫菌灵悬浮剂500倍液等，每7~10天1次，共喷3~4次，药剂应轮换交替或混合使用。

（二）大葱虫害防治

大葱虫害主要有葱斑潜蝇、葱蓟马和葱蝇等。

1. 葱斑潜蝇

（1）症状　幼虫终生在叶内曲折穿行，潜食二层表皮内叶肉组织，叶片上可见到迂回曲折的蛇形隧道。破坏叶片的绿色组织，只留上下两层白色透明的表皮，严重时，每叶片可遭到十几条幼虫潜食，叶片枯萎，影

葱斑潜蝇

响葱体光合作用导致减产。此虫害春秋季节为害严重,炎夏减轻。

(2)防治方法

①清洁田园,前茬收获后清除病叶残体,深翻、冬灌、消灭虫源。

②药剂防治:在产卵前消灭成虫,成虫发生盛期喷施灭杀毙6000倍液,或40%乐果乳剂1000~1500倍液等,每5~7天喷1次。幼虫为害时,喷40%乐果乳剂1000~1500倍液,在收获前15天停用。以上药剂共喷2~3次,并轮换使用上述药剂。

2. 葱蓟马

(1)症状 成虫、若虫都能为害,以刺吸式口器为害葱叶片,吸食汁液,严重时创面形成密布灰白色小斑点,使葱叶寿命缩短、光合能力下降,严重时葱叶弯曲、枯黄。蓟马一年发生6~10代,5~9月均作害,夏

葱蓟马

季高温干燥天气为害严重。

(2) 防治方法

①清洁田园,及早清除越冬葱上的枯叶,将越冬的成虫和若虫消灭。

②适时灌溉,早春干旱时,及时灌水。

③药剂防治:用50%乐果乳剂800倍液,或50%辛硫磷乳油1000倍液,或1.8%阿维菌素乳油1000倍液等,并轮换用药。

3. 葱蝇

（1）症状　葱蝇又叫韭蛆，幼虫为害葱蒜类蔬菜。春秋季节在假茎靠近地面处产卵，孵化出幼虫潜入叶鞘基部，食幼叶和生长点，引起腐烂，导致叶片枯黄、萎蔫枯死。

（2）防治方法

①施用充分腐熟的粪肥和饼肥，并做到均匀、深施，种、肥分离。大葱生长期内不追施稀粪。

②药剂防治：在葱蝇发生的地块，成虫产卵期喷洒40%乐果乳油600倍液或40%辛硫磷乳油500倍液杀灭成虫，或在植株根际附近地面喷洒。

葱蝇

③栽植时剔除受害葱苗,把尚未受蛆害的葱苗用以上农药浸泡假茎下部,杀死可能潜伏在内的幼蛆。

(三) 大葱草害及防除

大葱多采用育苗移栽,播种后出苗晚,生长慢,育苗期较长,地面裸露易生杂草,影响幼苗健壮生长,所以必须及时除草。葱地的杂草,大多是1年生的狗尾草、稗草、马唐、野苋菜、灰菜等。人工拔草费工费时,劳动强度大,劳动效率低;化学除草省工,省时,劳动强度小,劳动效率高,具有较高的推广和利用价值。但是进行绿色食品蔬菜生产,应采用人工除草为主,辅之物理措施除草,而不能使用化学除草。

仅为一般无公害蔬菜生产时,可按国家农药安全使用标准,合理使

清除杂草

用有关准则。常用化学除草剂有：33%菜草通（二甲戊灵）乳油，每亩施用100毫升，兑水喷雾；或48%氟乐灵乳油，每亩施用100~150毫升，25%草胺膦乳油，每亩施用200毫升等。

喷药的方法是：上述任何一种除草剂，都应在大葱播种后、出苗前，杂草尚未萌发或刚萌发时使用，效果会好。如果用药偏晚，杂草已经大量出土，则防治效果较差。除草剂推荐使用除草通。